用身邊食材做出豪華的

# 季節私家壽司巡禮

瑞昇文化

# 開頭

## 製作壽司讓人生變得富足

我是岡田大介，在東京・文京區經營一間名為「酣飯屋」的壽司店。為了讓各位在家裡就能夠自己做出我在日本各地所遇見的「鄉土壽司」，因此寫了這本書。為了調查、學習從過往傳承至今的各種壽司，我前往各地，並由此孕育出新的壽司。對於不管是睡是醒都心心念念著壽司的我來說，比起工作，這更像是畢生的志業。

製作壽司並不麻煩，我認為這是讓人生變得富足的契機。料理就是用來讓人幸福的。在試做失敗的同時享受它的過程，與重要的人一起享用渡過快樂的時光。而這些幸福的記憶，即便在遙遠的未來也仍會不時地想起，讓人生變得更加充實。若能透過此書將我的想法傳遞出去的話，那將是我的榮幸。

# 目次

## 夏日私家壽司（5月～7月）



## 秋日私家壽司（8月～10月）

## 冬日私家壽司（11月～1月）



## 突如其來的私家壽司（番外篇）

## 拜訪鄉土壽司

首先，由壽司師傅來告訴你

讓私家壽司變得更美味的

# 醋飯製作方法

雖然人們的目光往往會放在壽司上盛放、摻雜的各種山珍海味，但若不先準備好作為基底的美味醋飯，那可就白費了。我甚至覺得，配料毋寧才是襯托醋飯的配角。畢竟我的店名就叫「醋飯屋」，對醋飯就是有著如此強烈的迷戀及堅持。

店裡所端出來的醋飯都是根據配料細膩地改變調配的醋，不過，也有跟任何食材都很搭的「經典醋飯」。在這裡，我想向各位介紹一下這種醋飯的製作方式。

順帶一提，若是想做出好吃的醋飯，使用壽司桶是最快的捷徑。雖然也能用碗公之類的來代替，但壽司桶可以吸收米飯多餘的水分，所以醋飯不容易變得濕軟。如果想要努力做好私家壽司的話，這種時候我會強力推薦使用壽司桶。

## 醋飯用壽司醋的
## 黃金比例

| | 米醋 | 鹽 | 砂糖 |
|---|---|---|---|
| 3合米時 | 45mℓ | 6g | 20g |
| 4合米時 | 60mℓ | 8g | 30g |
| 5合米時 | 75mℓ | 10g | 35g |

用4枝長筷會比較好攪拌。

① 將米醋、鹽、砂糖加在一塊仔細攪拌。攪拌時要稍停一會，接著再繼續攪拌。讓它確實溶解，成為均勻的壽司醋。

壽司桶裝水浸泡約10分鐘，就不容易沾黏飯粒

② 舊米會比飽含水分的新米更適合做成醋飯。加入大約1.2倍米量的水來炊煮。放入海帶的話容易跑出黏性來，所以最好不要放。

若不趁正熱的時候加醋的話，就會變成又水又酸的醋飯。

③ 煮好之後，要在1分鐘內將壽司醋邊繞圈邊灑上。用飯杓來引導的話，就可以不浪費地灑到各個角落。

如果戳到底把飯粒壓爛就會產生黏性。

④將飯杓對著壽司桶，用大概垂直的方向插入，以不戳到桶底的程度切拌醋飯，讓飯粒無法結成一團。

藉著讓醋由上往下流動，就不會分布不均。

⑤整個切拌過後將醋飯翻面，集中在中間堆成一座小山後放置約30秒。然後再次將所有醋飯鋪平。

黏性會產生出更多的黏稠度，所以要小心。

⑥飯杓還沾著飯粒就切入的話會產生黏性。必須用水頻繁地清洗，並確實地去除黏稠度及濕氣。

放在換氣風扇底下的話，就可以直接把醋吹跑。

⑦用扇子之類的東西搧風來把醋去掉，同時讓醋飯迅速冷卻。夏季和冬季的冷卻時間不同，大致上以體溫為基準。

重複太多次會容易產生出黏性，所以要特別注意。

⑧將接觸壽司桶那面的醋飯再次翻過來，讓醋均等地散佈，並降低醋飯的溫度。

“藉由調節醋飯的溫度，可以讓搭配的配料甦醒過來！”

醋飯會隨著時間的經過漸漸變乾、變硬，所以，請在拌好之後馬上蓋上濕的棉布。這時要將棉布仔細弄濕，若直接覆蓋乾棉布的話會吸走醋飯的水分。

我們這些壽司師傅會根據配料或壽司的種類來控管醋飯的溫度。像豆皮壽司這種包覆型的壽司類，溫度和體溫相近的話會比較好塞。卷壽司也是，醋飯會比較容易鋪在海苔上。不過，這僅限於多少加點溫度也不容易有所損傷的食材，像是乾瓢或是小黃瓜。

另一方面，散壽司則要比體溫再稍冷一些才會比較好跟食材混合。握壽司也一樣。如果太過溫熱的話，不管多新鮮的亮皮魚類都會產生出腥味，因此要特別注意。

好，這麼一來就做好萬全準備了，讓我們來製作各個季節的私家壽司吧！

# 春日私家壽司

2月〜4月

節分

# 日本卷壽司

## 把今年想去的那片土地的當地食材捲起來

提到節分，近來吃惠方卷已經成了慣例。不過，不要老是只用固定的食材，加上一些獨特的創意來享受不是也不錯嗎？因此，我想到了拿地方特產當配料，並將它題名為「日本卷壽司」。

這幾年來我對紮根於各片土地的「鄉土壽司」抱持著興趣，而造訪了許許多多的縣市。於是，經常會遇見那片土地上所孕育的美妙食材。從這些食材中，由我獨斷地選出了個人認為的「最棒的」食材。

舉例來說的話，宮城就是牡蠣、鮭魚卵、牛肉，熊本就是芥末蓮藕、明蝦【＊譯註1】、土雞，像這樣的感覺。將各地的食材做成太卷壽司，並且豪邁地大口咬下，不禁開始想像「究竟是哪裡呢？居然有這麼美味的食物！」。

既然都要吃的話，就把那塊你想拜訪的土地特有的當地食材捲起來吃，一邊想著「今年說不定去得成」來許下新的願望，一邊享受壽司怎麼樣呢？

譯註1：也叫車蝦，又名日本對蝦，俗稱花蝦、竹節蝦、花尾蝦、斑節蝦。

## 材料

【製作宮城卷的食材】

醋飯…………200g

海苔…………全形1片

鮭魚卵…………35g

牛肉…………35g

烤肉醬（市售）…………適量

油漬牡蠣…………35g

【製作熊本卷的食材】

醋飯…………300g

海苔…………全形1.5片

芥末蓮藕…………10cm

明蝦…………6尾

土雞…………50g

海苔的粗糙面朝上。

依味道，以由淡至濃的順序來排列食材。

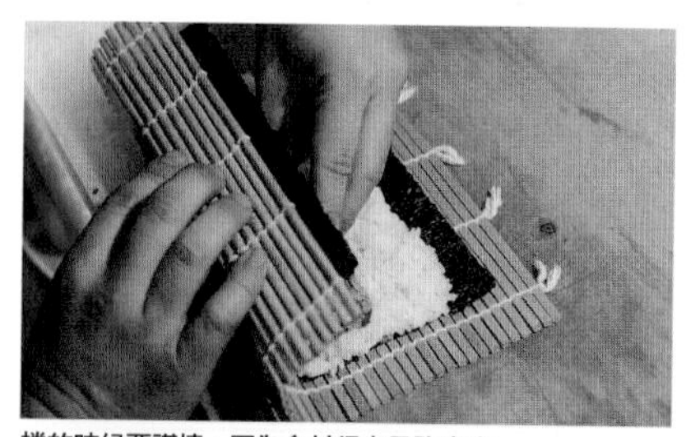

捲的時候要謹慎，因為食材很容易跑出來。

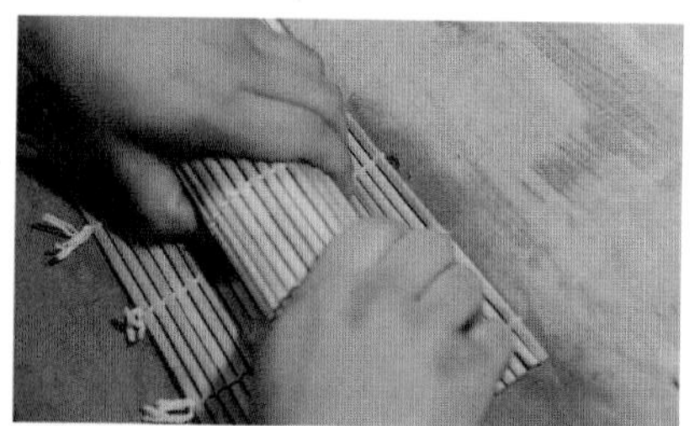

捲起來之後，海苔會收縮而確實地捲緊。

① 製作宮城卷時，先將細切牛肉蘸滿市售烤肉醬後炒過。

② 在壽司捲簾上鋪一片全形海苔，鋪醋飯時以面前1cm、底部1.5cm左右留下海苔的空白處，這是用來當捲起來時的接合處。

③ 左起1／3的空間擺上鮭魚卵，接著放上牛肉、牡蠣，並且讓三種配料的高度一致。

④ 為了讓中間的素材不被擠出來，要用手指壓住，一口氣捲起來。

⑤ 用兩隻手讓它成形，並將壽司捲簾的側邊闔上。熊本卷也是用與宮城卷相同的方式捲起來。

＝更詳細一點！＝

# 全國有這麼多美味的食物

## 醋飯屋・岡田所選出的「47都道府縣別食材一覽表」

| 都道府縣 | 食材 | 都道府縣 | 食材 |
|---|---|---|---|
| 北海道 | 鮭魚卵　多線魚　海膽 | 大阪府 | 茼蒿 |
| 青森縣 | 鮪魚　大蒜 | 兵庫縣 | 章魚　洋蔥 |
| 岩手縣 | 扇貝　香菇 | 奈良縣 | 大和野菜蘇【*譯註3】 |
| 宮城縣 | 牡蠣　鮭魚卵　牛肉 | 和歌山縣 | 梅　山椒 |
| 秋田縣 | 煙燻蘿蔔　叉牙魚 | 鳥取縣 | 薤菜　紅松葉蟹 |
| 山形縣 | 野菜　野味 | 島根縣 | 紅喉魚【*譯註4】　星鰻 |
| 福島縣 | 傳統蔬菜　馬肉 | 岡山縣 | 土魠魚　壽南小沙丁魚 |
| 茨城縣 | 鮟鱇魚　納豆 | 廣島縣 | 牡蠣　白帶魚 |
| 栃木縣 | 乾瓢　草莓 | 山口縣 | 海鰻　魚板 |
| 群馬縣 | 牛肉　蒟蒻 | 德島縣 | 酢橘　小白魚乾【*譯註5】　裙帶菜 |
| 埼玉縣 | 鰻魚　番薯 | 香川縣 | 橄欖　自然薯【*譯註6】 |
| 千葉縣 | 蛤蠣　金目鯛 | 愛媛縣 | 檸檬　鯛魚 |
| 東京都 | 花蛤　豆皮壽司 | 高知縣 | 鰹魚　香橙 |
| 神奈川縣 | 竹筴魚　吻仔魚 | 福岡縣 | 明太子　章魚 |
| 新潟縣 | 鮭魚　甜蝦 | 佐賀縣 | 香菜　海苔　烏賊 |
| 富山縣 | 白蝦　鰤魚 | 長崎縣 | 星鰻　鰤魚 |
| 石川縣 | 香箱蟹　加賀蔬菜 | 熊本縣 | 芥末蓮藕　明蝦　土雞 |
| 福井縣 | 越前蟹　醃漬鯖魚 | 大分縣 | 酸橘　鯖魚 |
| 山梨縣 | 菇類　葡萄 | 宮崎縣 | 炭烤土雞　金桔 |
| 長野縣 | 蕎麥　信州味噌 | 鹿兒島縣 | 鰹魚乾　黑豬肉 |
| 岐阜縣 | 朴葉味噌　香魚 | 沖繩縣 | 苦瓜　滷豬肉 |
| 靜岡縣 | 櫻花蝦　山葵 | | |
| 愛知縣 | 牛角蛤　高麗菜 | | |
| 三重縣 | 伊勢蝦　鮑魚 | | |
| 滋賀縣 | 琵琶湖八珍【*譯註2】 | | |
| 京都府 | 西京燒　京野菜 | | |

譯註2：琵琶湖的代表性魚貝類，有琵琶鱒、小香魚、大眼鯽、馬口魚、頜鬚鮈、爾魚（又稱疣舌裸頭鰕虎魚）、鰕虎魚、條紋長臂蝦等八種。（參考滋賀官方網站SHIGA BIWAKO之中文翻譯）

譯註3：古代日本所製的一種乳製品，約在8～10世紀時，被稱為日本最早製作的起司。

譯註4：別名黑喉魚。

譯註5：與吻仔魚同為沙丁魚苗，差別只在於小白魚乾乾燥的時間更長。

譯註6：又稱日本薯蕷或細葉野山藥。

私家壽司筆記

### 搭配喜歡的食材　好好享受太卷壽司

一般認為，惠方卷是源自於大阪一帶祈求生意興隆的風俗，但似乎還有許多不同的看法。從原本只擺放在部分便利商店擴展到了全國，現在吃惠方卷儼然已是節分的慣例。

雖然食材是起源於七福神，但我覺得不須太拘泥於此，只要搭配自己喜歡的食材，好好享受太卷壽司即可。這次介紹的各地名產也是，只挑選一項來搭配平常的配料也好，同時使用多種各縣名產也沒問題。光是這樣也算是充分祈願了吧！

因為吃掉一整卷，所以在中途改變食材，可以一邊吃一邊變換味道，讓人不會吃膩地把整卷吃完，而對於不知情的人來說，則會成為一點意外的驚喜。

# 可以一口吃的1/16尺寸
# 一口手卷壽司

做完惠方卷的隔天，大多都還會有食材剩下來。這種時候可以有效活用剩下配料的，那就是手卷壽司了。本來手卷壽司就因為這種方便性，而可以稱作是私家壽司的王道，但在這裡，我所想到的則是更加進化的「一口手卷壽司」。

通常手卷壽司大多是以全形海苔的1／4大小來製作，但這麼一來馬上就會吃撐而沒辦法吃到太多種類。因此，大膽地試著將它擺在1／16大小的海苔上。這麼一來，放置的配料量就被限制住，因此可以享受到各種不同的種類。

例如像左邊的照片。左上是味噌竹筴魚【＊譯註7】加上炸蓮藕，旁邊是燉牛肉配菜芽，左邊中間的是鮪魚肚搭醬油醃大蒜以及蔥花，一旁則是火烤土魠魚配上烤蔥段和味噌。左下是酪梨、明太子加馬斯卡彭起司，旁邊是螃蟹搭配香菜及芥末的組合。就算是會讓人稍感意外的配料，只要搭配醋飯就會變得很好吃，讓人感到不可思議。

譯註7：なめろう是指把竹筴魚、秋刀魚、沙丁魚、飛魚這類的青背魚，用味噌或日本酒以及蔥、紫蘇、薑等來調味之後，在砧板上用菜刀拍打出黏性來的，是房總半島沿岸的鄉土料理。

## 材料

**【一口大小】**

- 醋飯……200g
- 海苔……全形 1/16 片
- 竹筴魚生魚片……適量
- 味噌……適量
- 蓮藕……適量
- 燉牛肉……適量
- 菜芽……適量
- 鮪魚肚……適量
- 醬油醃大蒜……適量
- 蔥……1根
- 土魠魚……1片
- 酪梨……適量
- 明太子……適量
- 馬斯卡彭起司……適量
- 螃蟹……適量
- 香菜……適量
- 芥末……適量

擺在手掌上只有這麼小。

從各式各樣的配料中，或許會有什麼新發現。

① 將海苔切成 1/16 大小。

② 拍打竹筴魚生魚片並拌上味噌，蓮藕則是不包麵衣直接油炸。將蔥切半，剩下的一半拿去烤。土魠魚直接炙燒，酪梨則切成圓片。

③ 從冰箱裡拿出所有調味料、香料和香草等排放在桌上。

④ 將配料擺到海苔上，並搭配個人喜歡的調味料。

＝更詳細一點！＝

# 和附近的魚店打好關係吧

## 手卷壽司用生魚片拼盤

種類一多，製作手卷時也會跟著興奮起來。

雖然希望在製作手捲壽司時，可以盡可能地準備好許多種類的配料，但每種生魚片都整塊整塊地買的話，量也會變相當得多。這種時候若請附近的魚店幫忙，做好手卷壽司用的生魚片拼盤的話就會非常方便。

要幾人份、預算多少、裡面想放哪種生魚片，或是反過來不喜歡哪種生魚片等，只要詳細地告知你的要求，老闆就會依照當日店內的漁獲做出搭配。

雖然我想超市或百貨公司的水產專櫃也能夠這樣處理，但能夠在各方面都能自由打理的，果然還是要專賣店。平時就先找出附近的魚店並成為該店的常客，或許會是個不錯的辦法。

私家壽司筆記

### 傳說手卷壽司是東京的鄉土壽司

據說是由親手打理首都圈內複數壽司店的築地玉壽司，設計出了手卷壽司。1971（昭和46）年時，為了想讓前來東京．銀座的年輕人可以輕鬆享用到壽司而開發出來的。也因此，手卷壽司或許可以算是東京的鄉土壽司。

手卷壽司總之就是在享受食材搭配的巧妙。海苔與醋飯中，交疊著鹹、酸、甜味。因為混合了許多食材所以好吃，可以感覺到這種屬於卷壽司的美學。

此外，紅肉的鮪魚不沾山葵醬油，而是搭配鹽、胡椒來食用的話，則會變成類似生肉的味道。能夠進行各種嘗試而找出屬於自己的嶄新食材搭配，可說就是手卷壽司的醍醐味吧！

# 鯖魚押壽司

## 塞入滿滿的愛

對於最喜歡的他或是丈夫、一直照顧自己的父親，再加上要好的朋友們，雖然按每年慣例送上巧克力也行，但偶爾用個變化球來拉近距離也不錯！難得的機會，就送他壽司怎麼樣呢？

怎麼看都像是放有巧克力的盒子，解開緞帶打開盒蓋一看，裡頭出場的是雅緻的「鯖魚押壽司」……。比起老套的巧克力，衝擊力更為巨大。妳的心意也將會確實地傳遞出去吧！

對於不愛甜食的人來說，這將成為最好的禮物。不管怎麼說，醋醃鯖魚畢竟是大部分人都會喜歡的食材。若能趁這機會熟練使用醋來醃漬這種亮皮魚類的話，接下來的壽司人生將會更為寬廣，可以更進一步享受它的樂趣。

附帶一提，我的妻子最喜歡吃窩斑鰶【*譯註8】，因此我每天都會製作窩班鰶的押壽司帶回家裡，以這種方式讓愛實體化。

*譯註8：俗名扁屏仔、油魚、海鯽仔。

## 材料

醋飯……200g
鯖魚……半片
米醋……適量
鹽……適量
白芝麻……適量
薑末……適量
檸檬……適量
壽司薑……適量

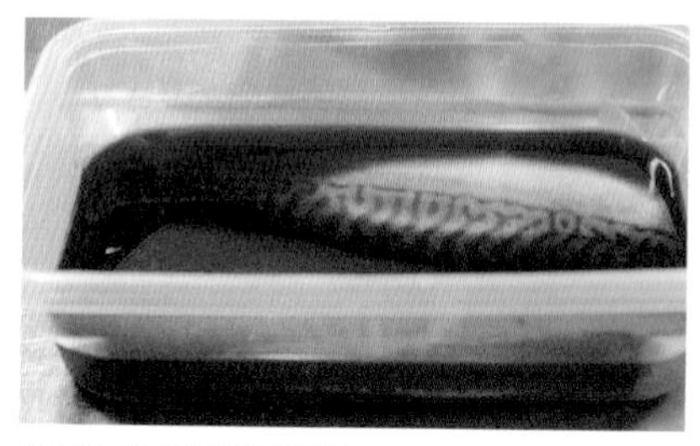
放在醋裡醃漬時拿進冰箱裡。

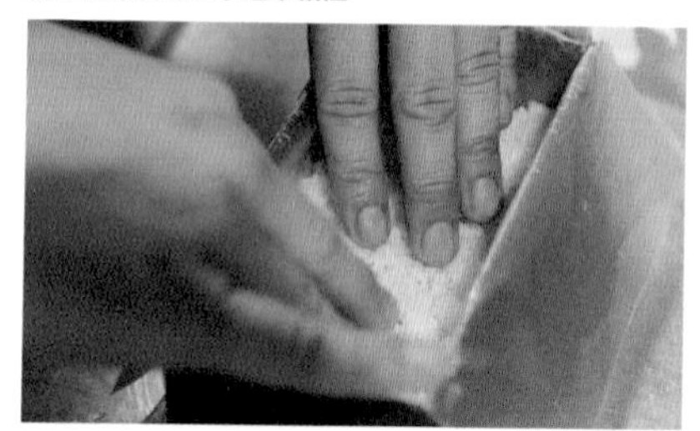
裡面鋪烤盤紙也OK。

輕輕壓下把表面壓平。

芝麻和薑會增添很棒的風味。

① 將用醋醃漬過的鯖魚（參閱p25）去掉骨頭，用手剝掉魚皮後切成一口大小。

② 在約長15cm、寬8cm、高5.5cm大小的箱子內鋪上蠟紙，將醋飯塞到8分滿。

③ 把濕棉布揉成一球，從醋飯上輕輕地將它壓平。

④ 將芝麻和薑末撒在醋飯上，再擺上醃鯖魚片。如果將其中一半用噴槍炙燒過的話，既可以享受味道的變化，也會比較美觀。

⑤ 最後，放上切成半弧形和圓片的檸檬及醃漬薑片。

＝更詳細一點！＝

# 用醋醃漬，不但能去除魚腥味，還能保鮮

## 醋醃鯖魚的製作方式

若是記住了用醋來醃漬魚的方式，在各方面都會非常方便。

首先，將三枚切【*譯註9】的鯖魚放在竹篩上，並在下方擺放鐵盤。魚肉那側先撒滿鹽，再換成魚皮側撒上鹽。若是比較肥美的鯖魚，鹽就要撒多一點。接著，放置約2小時半到4小時左右。

當鹽確實吸收進去之後，用水把鹽洗去，然後浸泡在醃漬醋裡醃漬。如果醃漬醋要重複使用的話，就先將鯖魚用醋水（水加1成的醋混合而成）泡過一次之後，再放進醃漬醋裡，這麼一來醃漬醋就不會臭掉。

像這樣醃漬40分鐘到1個小時之後，帶有恰到好處醋味的醃漬鯖魚就完成了。

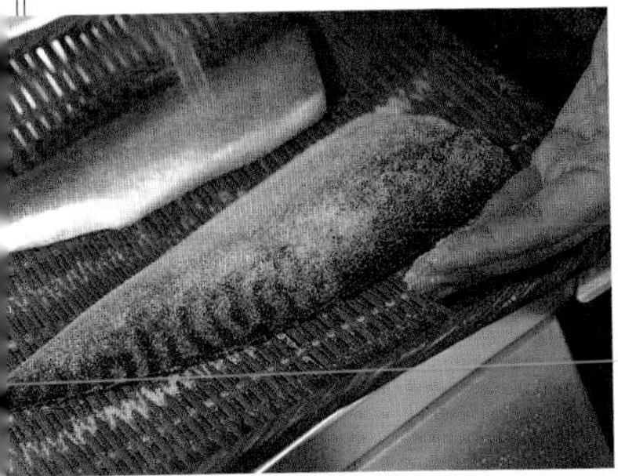

水分從鯖魚體內排出，並將鹽吸收進去。

把鹽清洗乾淨。

如果覆蓋餐巾紙的話，只用少許的醋就能完成。

私家壽司筆記

### 鯖魚押壽司 是鄉土壽司的明星選手

若是提到在各種地域都會製作，並且也為許多人所愛的鄉土壽司的話，除了鯖魚壽司之外就別無其他了吧！只要用醋醃漬好鯖魚再做成壽司的這份簡便，以及肥美醃鯖魚和醋飯的那不由分說的絕妙組合。無論吃幾次都是那麼好吃，是種希望能讓大家更加日常地吃到的其中一種壽司。

魚的醃漬方法並沒有那麼困難。以亮皮魚類來說，鯖魚是最花費時間的，所以，可以克服醃漬鯖魚的話，之後就一帆風順了。

此外，這次使用了薑末和芝麻當作佐料。在擁有眾多鄉土壽司的鄉土壽司大國高知縣中，會將這兩項混入醋飯裡來襯托壽司的風味以及醋飯的味道。與醃鯖魚更是格外搭配，因此把它加進了食譜裡。

譯註9：三枚切是把頭切掉並去掉內臟的魚，切成左半、右半和中間帶魚骨的部分。

桃之節句

# 雛人偶架手鞠【*譯註11】壽司

## 與家人或親朋好友一起熱熱鬧鬧地製作

【*譯註10】

總覺得最近即便到了女兒節，也沒有多少家庭會擺出雛人偶架來慶祝。但因為這是很難得的日本美好傳統活動，所以我既想好好地慶祝，也希望能珍重地留傳給下個世代。

私家壽司就是在這種日子，可以和家人或親朋好友在一邊喧鬧的同時，大家一起來製作的壽司，因此，我想出了用壽司做成雛人偶架的「雛人偶架手鞠壽司」。

這種雛人偶架大概是哪裡都找不到，也沒有人做過的吧！只要用鮪魚的紅肉做好架子，至於拿來充當人偶的手鞠壽司，可以用自己喜歡的食材或是個人所喜好的配料來搭配。世界上獨一無二的雛人偶架就這麼完成了！

把拍好的照片上傳到ＳＮＳ，想必會招來比角色造型壽司更多的話題，可以收集到許多的「讚！」吧！當然，在開心過後，就讓大家一起來享受美味吧！

譯註10：又名上巳節，俗稱三月三或小清明。上巳節為春浴的日子，有清淨身心的意思存在。
譯註11：又名手毬，用棉線在球芯上纏繞彩色絲線做出圖形的一種玩具小球。

## 材料

醋飯……4合
鮪魚紅肉……500g
醃鯖魚……適量
蝦子……適量
金槍魚罐頭……適量
醬油麴……適量
鴨兒芹……適量
鮪魚肚……適量
雞蛋絲……適量
黑芝麻……適量
小蘿蔔……適量
醬【＊譯註12】……適量
高麗菜……適量
梅干……適量
煮星鰻……適量
紅白魚板……適量
小黃瓜……適量

譯註12：這裡的醬指的是一種用麴和食鹽發酵成的調味料。

因為雛人偶架會很重，所以要壓緊不讓它傾斜。

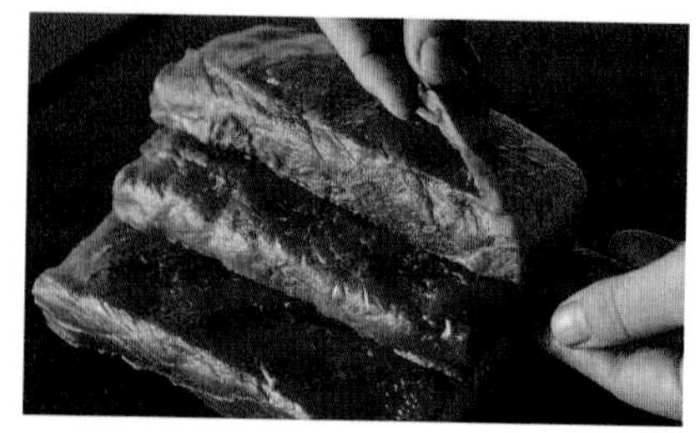

可以的話，用生鮪魚會比較好。

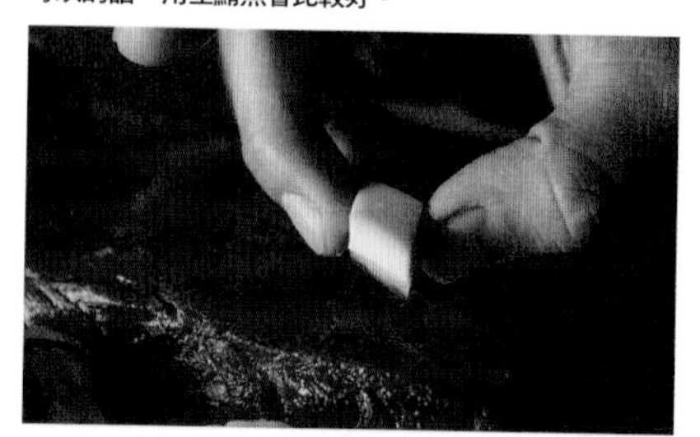

魚板下方搭配小黃瓜，用來代替菱餅。

試著把蝦子的尾巴當成了皇后、天皇人偶的皇冠。

① 將鴨兒芹和高麗菜燙過。把金槍魚和醬油麴拌在一起，並準備好雞蛋絲。把紅白魚板和小黃瓜切成菱形。

② 把像押壽司一樣壓緊過後的醋飯拿來製成雛人偶架。大致上以下層13cm×15cm（500g）、中層9cm×15cm（300g）、上層6cm×15cm（250g）為基準。

③ 用剩下的醋飯做出約10個左右的手鞠（直徑3cm、20g）並擺上配料。

④ 把鮪魚切成5mm厚，再配合各層的大小裁切。將它當成毛毯一樣鋪在架子上。

⑤ 下層左起，排列著擺放了蝦子、雞蛋絲、黑芝麻搭小蘿蔔及醬、高麗菜加梅干，以及星鰻的手鞠。

⑥ 中層是金槍魚拌醬油麴、燙過的鴨兒芹、鮪魚肚，上層則是擺有醃鯖魚和放有蝦子的手鞠並列在一塊。最後再用菱餅形狀的魚板和小黃瓜來點綴。

〓更詳細一點！〓

# 如果想要切開的話，就要確實地壓緊

## 製作押壽司的要點

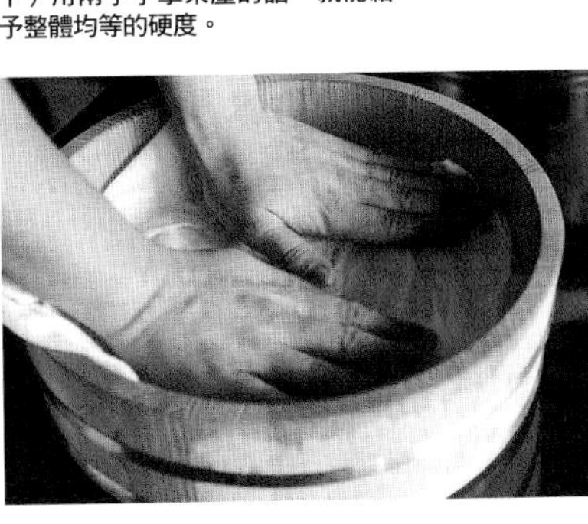

左）用拳頭從棉布上方壓。
下）用兩手手掌來壓的話，就能給予整體均等的硬度。

雖然稱為押壽司，但如果只是要讓醋飯和食材輕輕貼合在一起的話就不要將它壓緊，而是以留有一種輕飄飄感覺的「半壓、輕壓」為理想。要是壓得太硬的話就會變得不好吃了。

只不過，若是想把做好的壽司切開來吃的情況下，不好好壓緊的話，當要切的時候，有時就會崩塌散掉了。

壓的時候，要用力壓緊。將弄濕的棉布鋪在醋飯上，一開始先以拳頭壓，接著再用兩手手掌來壓。若不像這樣將整體均等壓緊的話很容易就會散掉，所以請特別留意。

雛人偶架形狀的基底如果用保鮮膜包住來讓它成型，或者利用四方形保存容器的角的話就可以簡單做出來了吧！

私家壽司筆記

### 大家一起製作 這就是私家壽司的規矩

不只是季節的節慶，有其他活動或是喜慶時，又或者是找來熟人、朋友開轟趴等等的時候，我覺得最適合拿來招待客人的，就是壽司了。而且它還有另外一個魅力，也就是大家可以一起製作這點。

這裡所介紹的「雛人偶架手鞠壽司」，只要大概一個小時就可以做好。擺放的配料也沒有限定，可以自由地選擇。跟小朋友或是搭檔、老爺爺老奶奶、再加上親密的朋友們一起來製作、完成自己喜歡的手鞠壽司，並且快樂地度過這段時間，這便是私家壽司。

然後，接下來就是大家一起享用做好的壽司了。一把抓起手鞠壽司，切開用鮪魚覆蓋的雛人偶架並吃個精光。在不知不覺中，就度過了和製作時同樣的美味時光。

白色情人節

## 包含了回禮以及平日感謝的

# 豆皮壽司

禮物的回禮既是在自己心中估算送禮者的重要性，同時，也是在測試自己品味的重要項目。而比起購買、贈送高價品，手製品的分數似乎又更高一些。

「豆皮壽司」是對平常不做菜的男生而言相對容易製作的一道壽司。只要做好油炸豆皮的準備，之後就是把醋飯塞進去而已。想要表現自己獨特的心意，就在搭配的食材上下點巧思。左邊的豆皮壽司就是進行了奶油起司加黑胡椒、黑豆、還有牛肉時雨煮【＊譯註13】等等的嘗試。

既然都做了，就挑個即使對方吃完之後似乎也會繼續愛用的可愛便當盒，裝在例如像是彎曲瓦帕【＊譯註14】等裡面送出去的話，一定可以擄獲對方的芳心吧！由於豆皮壽司也是種平常吃的機會很多，卻相對少自己自製的壽司，說不定手做會意外地有很好的效果。

譯註13：起源於三重縣桑名市的「蛤蜊時雨煮」，現在也稱加入生薑的佃煮（將食材和調味料加進鍋裡慢慢燉煮）為時雨煮。一說因各種風味通過嘴裡彷彿陣雨降下一般。另一說則是因如陣雨一般，短期間內就可完成而得名。

譯註14：參考大館市官網中文翻譯。曲げわっぱ是秋田代表性工藝品，用彎曲來表現出秋田杉的木頭溫暖美感。或譯為杉木曲物便當盒。

## 材料

油炸豆皮……3片

【烹煮調味料】

水……100㎖

味醂……20㎖

醬油……20㎖

砂糖……15g

醋飯（一個平均）……約50g

奶油起司……適量

黑胡椒……適量

醋醃小黃瓜……適量

醋醃紅椒……適量

燉煮乾瓢……1根

壽司薑……1片

白芝麻……適量

燉煮黑豆……適量

山椒……適量

山椒芽……適量

牛肉時雨煮……適量

薑……適量

燙過的鴨兒芹……適量

如果是用中間有空洞的壽司用豆皮則又更簡單。

不把豆皮包起來而留個開口的話會更好看。

一邊思考著點綴。把乾瓢做成了緞帶風。

1. 煮好油炸豆皮（參考P33）。

2. 讓表面可以看到裡面的醋飯，如果是「不包起來的豆皮壽司」，就把油炸豆皮向內折約2㎝後再塞入醋飯。

3. P31的左端是將奶油起司混合醋飯，並在上面撒上黑胡椒。

4. 左起第二個則是把用醋醃過的小黃瓜和紅椒切細碎之後，混入醋飯塞進豆皮裡。

5. 正中間是把切細碎的壽司薑、燉煮乾瓢和芝麻混入醋飯，用豆皮包起來之後再用乾瓢打結。

6. 右起第二個則是在塞好的醋飯上擺上燉煮黑豆，撒上山椒後添上山椒芽。

7. 右端則是把牛肉時雨煮擺放在醋飯上，再添加切碎的薑和鴨兒芹。

＝更詳細一點！＝

# 想要炸得好吃，首先要去油

## 油炸豆皮的煮法

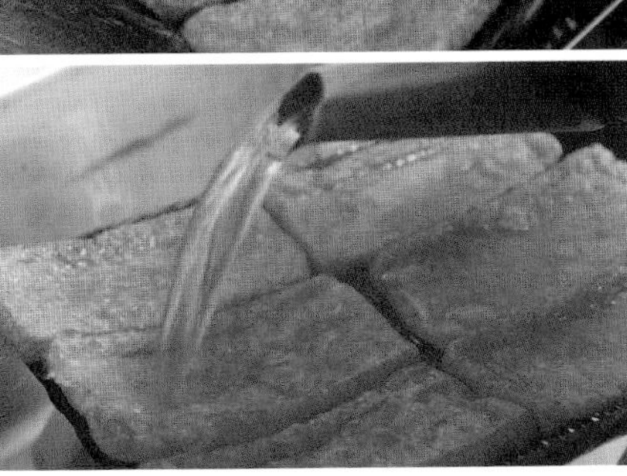

上）將油炸豆皮並列在竹篩上
下）全部用熱水淋過

因為是私家壽司，所以豆皮壽司用的豆皮也來自己調味吧！乍看之下會讓人覺得煮法很困難，但其實意外的容易。在這邊就來教你不會失敗的豆皮煮法。豆腐店裡有在販賣「豆皮壽司用」，中間容易開口的豆皮。使用這種豆皮來包醋飯就會很簡單，非常方便。

首先，買回來之後一開始必須先做的，就是去油。油炸豆皮含有相當的油分，直接使用的話會過於油膩。所以請先將它擺到竹篩上，把表面以及翻過來的背面分別用熱水淋個10秒左右。

冷卻之後，將它切半疊起來，用兩手夾住確實地去除水分。接著，把放有調製好調味料的鍋子加熱，把砂糖攪拌溶化之後，再放入豆皮。蓋上蓋子，用中火慢慢烹煮。以將水分大致去除為目標，時間上大概是30分鐘。這樣豆皮壽司用的豆皮就煮好了！

私家壽司筆記

### 東日本與西日本的豆皮壽司文化是不一樣的

用豆皮來包醋飯，重新想一想實在是型態相當獨特的壽司。其誕生的經過有各種說法，其中一種說法認為它是棒壽司的變形。棒壽司是把醋飯包進魚身內做成棒狀的壽司，這裡則是用豆皮來取代了魚的外皮。先人們對飲食的探究心和創意巧思的能力實在是很了不起。

順帶一提，在東日本和西日本，豆皮壽司的形式多少有些不同。東邊多為圓筒狀，或許是由於豆皮寫作稲荷＝米包【＊譯註15】而來。另一方面，在西邊則是呈三角形，中間相對於東邊的只有醋飯，有著摻入配料的傾向。雖然也有種說法是模仿狐狸的耳朵，但一般認為最根本的理由還是因為，相對於東邊長方形的豆皮，西邊的豆皮是採正方形的緣故。

譯註15：在日本會用稲草將米包起來，製成呈現圓筒狀的稲草包。

在賞花的筵席中絕對能炒熱氣氛的

# 酒壽司

當在櫻花樹下時，無論如何都想讓人嚐嚐看自家製作的壽司。不過，這正好也是吸引大家目光的機會，想讓大家「咦？這是什麼？」地驚訝一下。所以，這裡就來介紹大部分人不僅沒有看過也沒有聽過，而且也沒有吃過的「酒壽司」吧！

就如同名字一樣，是種用日本酒來取代醋，感覺有點與眾不同的壽司。其實它是流傳於鹿兒島的鄉土壽司，然而就連當地人也都沒怎麼嚐過。不過，由於大量地使用春季出產的山珍海味，在感受季節這點上，可以說沒有比這更棒的壽司了。

因為醃漬後需要數小時來讓它入味，所以也可以在前一天就做好放著。在當天的筵席上打開多層木盒時，伴隨著酒香登場的酒壽司，毫無疑問會在宴會上大受矚目吧！不過，畢竟還是僅限於能喝酒的人，所以也是小朋友禁止的大人壽司。

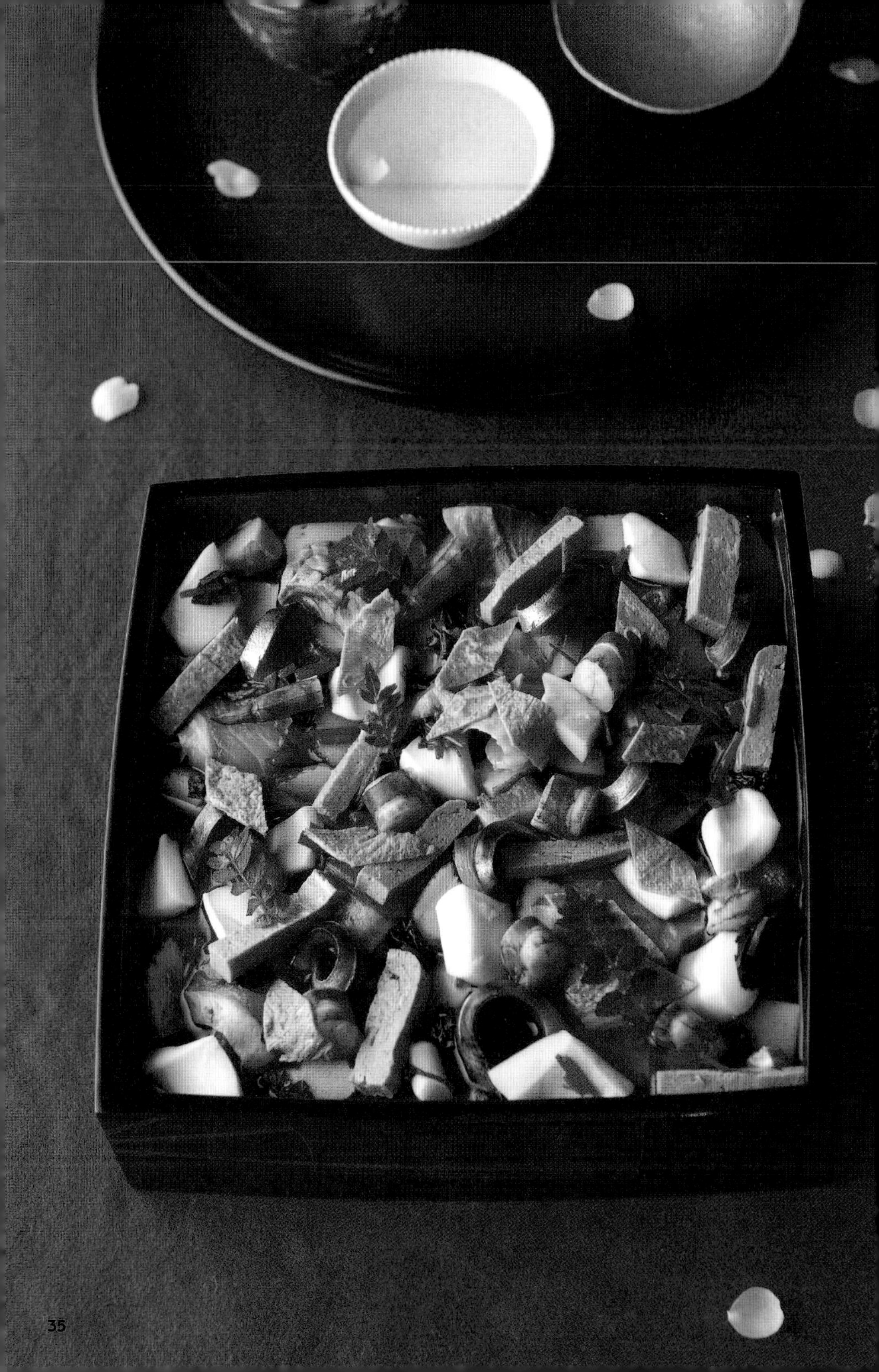

## 材料

| | |
|---|---|
| 米 | 2合 |
| 酒「高砂之峰」 | 300ml |
| 竹筍 | 80g |
| 乾燥香菇 | 2個 |
| 鴨兒芹 | 1把 |
| 炸魚餅【*譯註16】 | 100g |
| 魚板 | 100g |
| 薄煎蛋 | 適量 |
| 鯛魚生魚片 | 30g |
| 烏賊生魚片 | 30g |
| 蝦子 | 30g |
| 鯖魚生魚片 | 30g |
| 山椒芽 | 適量 |
| 鹽 | 適量 |
| 醬油 | 適量 |
| 砂糖 | 適量 |
| 柴魚高湯 | 適量 |

譯註16：薩摩炸魚餅，是種起源於鹿兒島，用魚漿製成的油炸食品。由於日本關西多以「天婦羅」來稱呼薩摩炸魚餅，而台灣也受其影響，將炸魚餅稱為「甜不辣」。

製作酒壽司時，鹿兒島的在地酒「高砂之峰」是不可或缺的。

飯發酵之後會變甜，所以鹹味也是重點。

做成飯、食材、飯、食材的四層構造。

切成菱形的話，就能表現出特別的壽司的感覺。

① 把炊好的飯放入碗公裡冷卻。帶有熱度的話會促進用酒醃漬時的發酵速度，所以要將它放涼。

② 將竹筍、香菇放進調味料（醬油、砂糖、柴魚湯、酒「高砂之峰」）裡煮。把鴨兒芹和蝦子燙好。

③ 將所有的食材切成一口大小。只有薄煎蛋切成菱形。

④ 把一半的酒淋在飯上之後攪拌。

⑤ 在多層木盒的底部撒鹽，鋪上一半的飯，把香菇和竹筍撒在飯上。

⑥ 鋪上剩下的飯，接著擺放鴨兒芹（一半）、炸魚餅、魚板、鯛魚、鯖魚和烏賊。

⑦ 撒上剩下的鴨兒芹、蝦子、菱形的蛋，最後加入山椒芽。把剩下的酒灑滿整個壽司上，醃漬5～6個小時。

＝更詳細一點！＝

# 沒有加熱過的灰持酒，是酒壽司美味的重點

## 鹿兒島在地酒「高砂之峰」的真面目

高砂之峰不僅擁有和紹興酒相似的紅褐色，香氣也很類似。是種甜味的烹飪用酒

這就是灰汁。有著強烈的鹼性臭氣，是種天然的防腐劑。

製作酒壽司時，會使用稱為「灰持酒」的特別酒種。從飯到配料的準備上，全都會用到這種灰持酒。它是把燃燒橡樹時的灰摻雜進熱水後，加入浮在上層的澄清部分來製作，是自古以來流傳於日本的自然釀造法，強鹼性的灰汁成為了天然防腐劑，防止因細菌繁殖而導致的腐敗，所以，就算不加熱也可以在常溫下保存。

因為沒有加熱殺菌，來自麴和酵母的酵素就這樣繼續生存著，因而可以引出食材的鮮味，所以酒壽司才會變得如此好吃。只不過，在以加熱製酒為主流的現今，由於沒有製作的場所而逐漸沒落。在這種情況下，位於鹿兒島市的釀酒廠東酒造，在１９５５年所復活的灰持酒，就是「高砂之峰」。

私家壽司筆記

### 美味且健康地喝醉 酒壽司是「用吃的點滴」

為什麼這麼奇怪的壽司會誕生在鹿兒島呢？由於很好奇這點所以我甚至還跑去鹿兒島取材。看來似乎是產生於薩摩時代的武家，好像是當時無法公然喝酒的女性們偷偷地把酒加進飯裡，又或者是把宴會剩下的菜餚加在一起之後成了美味的壽司等等。不愧是芋頭燒酒的發源地，是只有在酒豪眾多的當地才能聽到的故事。

大量使用山珍海味並用酒來醃漬入味，這種所謂的發酵食品，當地認為「只要吃了就會有精神」。有著豐富營養的甜酒經常會用「喝的點滴」的說法來表示，酒壽司姑且也可以稱之為「吃的點滴」吧！關於酒壽司，在１３８頁會有更加詳細的報告。

# 散裝壽司【＊譯註17】

## 想和大家一起用天真爛漫的心情來慶祝

新生入學。如果家人在身邊當然就會一起慶祝，但即便沒有能一起慶祝的人，這個季節的街道上還是充滿著一種天真爛漫的喜慶氣息。而最適合用來祝賀這種情緒的，應該就是「散裝壽司」了吧！光是看見黃、白、綠以及紅色的各色色彩就顯得十分熱鬧，而吃起來也非常美味。

拿來作為範本的，是京都・京丹後的鄉土壽司「丹後散壽司」。以運用鯖魚肉鬆來當散壽司的基底為特徵，鹹甜的魚鬆收緊了散壽司整體的味道。

在丹後，是在進行某些活動的時候才會製作的，像是祭祀、喜慶或是學校活動等等。由於在當地販賣有其他地區相當少見的特大號鯖魚罐頭，顯然它便是大家最喜歡的鄉土壽司。

散壽司的優點就是可以用壽司桶來製作，並且能讓大家一邊熱鬧地聊天一邊享用。可以飽嚐既美味又幸福的私家壽司時間。

譯註17：散壽司分為兩種，一種是江戶前散壽司（ちらし　司：把配料擺在飯上），另一種是五目散壽司（ばら　司：把配料混進飯裡）。而在以江戶前散壽司為主流地區，有種把醋飯上的配料切得細碎或是把生魚亂數擺放的散裝壽司（ばらちらし）。由於與上述兩種壽司都有區別，故譯為散裝壽司。

## 材料

醋飯……3合
水煮鯖魚罐頭……190g 2個
乾瓢……60g
高野豆腐……25g
乾燥香菇……30g
豌豆……20g
雞蛋絲……2顆蛋
魚板……30g
紅薑……30g

去除水分，一直炒到變得乾巴巴為止。

鋪好醋飯後，散滿鯖魚肉鬆。

做成醋飯、食材、醋飯、食材的四層構造。

用紅薑的紅來增添色彩。

① 把泡發的乾瓢以及高野豆腐、香菇各自以調味料（醬油、酒、砂糖、味醂，參閱P82）烹煮，並把高野豆腐切成條狀，其他配料則切末。

② 把豌豆燙過之後切碎，魚板切成一口大小。

③ 去除鯖魚罐頭的湯汁後倒入平底鍋，用中火炒到水份收乾為止，將它做成魚鬆。

④ 壽司桶內鋪上一半的醋飯，分別撒上一半的鯖魚肉鬆以及乾瓢。

⑤ 鋪上剩下的醋飯，撒上剩餘的鯖魚鬆再撒上乾瓢，接著撒上高野豆腐、雞蛋絲、香菇、魚板。

⑥ 最後撒上豌豆以及紅薑。

更詳細一點！

# 既是烹飪用具也是容器的壽司必需品

## 高明地挑選、使用壽司桶的方式

如果想更日常地享受私家壽司的樂趣，有個壽司桶會非常方便。由於它是用木曾花柏或秋田杉這類的木頭所製，所以能吸收醋飯多餘的水分而防止醋飯變得黏稠，可以保持相當好的濕度，也可以保護醋飯不變乾變硬。如果是散壽司或手卷的話，也可當成搬運到桌上的容器。

容量從3合到超過1升【＊譯註18】，有著各式各樣的大小。雖然以4人家庭來說，3到4合的大小恰恰好，但若是太小的話就難以切拌醋飯，所以推薦買稍微大一點的。在使用前要先裝水浸泡約10分鐘，讓壽司桶充分泡水之後就不容易黏上飯粒。使用後不要用洗潔劑，而是用鬃刷之類的工具清洗，確實去除水分之後陰乾。在太陽直射下木頭會因此彎曲，所以要特別注意這點。

私家壽司筆記

### 充滿當地的愛的鄉土壽司其實是很稀有的

位於全國各地的鄉土壽司，讓人意外地，有不少即便在當地也鮮為人知，幾乎無人食用而瀕臨滅絕。不再有人吃固然有著相應的理由，而就這點來說，京丹後的「丹後散壽司」算是相當稀有的存在。

走訪當地時，幾乎沒有人不曉得丹後散壽司。不只如此，甚至到了「一年會吃個10次」的程度，讓人明白了它是為那片土地所愛著的鄉土壽司。不僅在餐飲店的菜單上出現，就連超市都有販賣。以大多都是在家中製作的鄉土壽司來說相當罕見。

它是種塞在稱為「松蓋【＊譯註19】」一種側邊可取下的淺木箱裡的箱壽司類，由於當地是將它切開來分食，因此是塞進木箱裡製作的。切開之後有如蛋糕一般相當地可愛。有興趣的讀者可以翻到132頁。

譯註18：日本的一升大概是1.8公升
譯註19：一種細長的木箱，「まつ」是指松木，「ぶた」是把木箱重疊起來當成蓋子使用，因此取名為まつぶた（松蓋）。

展開新生活

可以簡單、迅速做好的

# 手捏壽司

到了新的年度時，應該也有開始在新的環境展開不同生活的人。這個時期總是有點坐立難安靜不下心來，也沒心情去好好地煮飯吧！這種時候，我推薦超簡單並可以迅速做好的「手捏壽司」。

只要買來喜歡的生魚片拼盤，用醬油醃漬之後加上醋飯就好。不必像散壽司一樣準備大量的食材，相當地簡便。這種手捏壽司很適合盛起滿滿一碗來大口享用。雖然跟生魚片蓋飯很像，但這裡果然還是要用醋飯。相對於簡單製作，卻又有精心打理了一餐的感覺，這可說是醋飯魔法了吧！

此外，手捏壽司是三重縣志摩地區的鄉土壽司，一般認為是廣傳於漁夫之間的漁人料理。只不過，不必像它的名字一樣地反覆揉捏，因為這樣醋飯會變得黏稠，最多也只須用手混合就足夠了。

## 材料

醋飯……3合
醃漬鮪魚……200g
醬油……適量
壽司薑……適量
青紫蘇……適量

壽司薑會緩和魚的腥臭味。

醃漬醬汁留有魚的鮮味，所以也拿來運用不要把它丟掉。

根源為漁人料理，因此攪拌時要豪邁一點。

1. 把壽司薑和青紫蘇切細碎。

2. 在壽司桶內鋪上醋飯，混入切碎的壽司薑。

3. 放入醃漬鮪魚（參閱p45），用手豪邁地攪拌。

4. 倒入並混合碗裡剩餘的醃漬醬汁，最後撒上切碎的青紫蘇。

＝更詳細一點！＝

# 可以美味地有效運用剩下來生魚片

## 醬油醃漬的訣竅

手續本身非常簡單。把生魚片放進碗裡，把醬油淋遍整個生魚片並混合好就OK了。然後用手碰碰看，當表面變得黏糊糊的就是醃漬好了。時間大概在5分鐘左右。

醃太久的話顏色會改變，魚肉的水分也會流失而變柴，所以要特別留意。

像這樣醃好之後可以一直放到隔天，所以剩下來的生魚片也就不用丟掉了。不僅止於鮪魚這類的紅肉生魚片，白肉生魚片也可以醃漬得很好吃。

若想要更進一步享受醃漬鮪魚，只要試著更換醬油的種類即可。由於醬油的味道、濃淡和香味不同，做出來的鮮味也會跟著改變。

嘗試更換醬油就可以享受滋味的變化。

迅速地攪拌。

醃過頭的話魚肉容易變柴，因此要特別留意。

私家壽司筆記

### 單純地只需攪拌 誕生出不容小覷的壽司

手捏壽司的命名，一般認為是從三重縣志摩地區的漁夫們，在海上處理好魚獲要混入醋飯之際，連筷子和飯杓都等不及使用而來。確實，從名字就傳達出了想要趕緊做好開動的心情。

這種混合壽司還留存在許多地區，以同為漁人料理的標準來看，香川縣・小豆島的「生壽司」也是其中一個（參閱126頁）。而這裡則是把捕獲的小星鰻連骨頭一起弄得細碎，用醋醃漬之後混在飯裡。配料就只有這樣，是種非常單純的壽司，但卻有著不容小覷的美味。

單純以醋飯來搭配魚肉的滋味就已經讓人心滿意足。有時不多做加工也是很重要的。

私家製作
之一

## 製作壽司薑
## 冰箱裡總是備有手製壽司薑的生活

因為咀嚼時的良好口感以及清爽的酸甜，壽司薑成了吃壽司時很好的點綴。在讓壽司這首交響曲的節拍變得更加熱烈上，是不能缺少的一環。

壽司薑不須費太多工夫。把薑（100g）去皮後切成薄片，放入煮沸過的熱水中，再次沸騰後放置約5分鐘接著移到竹篩上。趁著正熱的時候，用調製好的醋（米醋50ml、砂糖50g）來醃漬。冷卻之後即可食用。

由於越醃越入味，所以可以裝進瓶子之類的容器裡，放進冰箱保存起來。不光是壽司，也可以當成平常吃飯時的小菜。不僅促進食欲，也會為平時生活的步調帶來一些不錯的調劑吧！

# 夏日私家壽司

5月～7月

兒童節

# 單手握壽司

## 握成自己喜歡的大小

端午節時就是該全家一起製作的「單手握壽司」登台亮相的時候。聽到握壽司或許會覺得「好像很難」。確實對我們這些壽司師傅來說，要一輩子不斷學習的就是握壽司，不過，私家壽司的話就不需如此一本正經了吧！

握壽司的醋飯稱為「舍利子」，將醋飯放在一邊的手掌上，緊緊握住之後「啪地」張開，如此一來不管是誰都能在一瞬間做出舍利子的形狀來。或許稍微有點不好看，那也沒關係。因為是在自家裡享用的私家壽司，就算是大小不一的握壽司也是相當可愛。

不如這麼說，平常不做家事的父親握一個，小朋友們也握一個、老奶奶老爺爺也握一個，像這樣聚集起各種形狀和大小的舍利子還比較有趣。只要在做好的舍利子上擺放喜歡的配料，單手握壽司就完成了。

## 材料

醋飯（平均一貫）【*譯註20】……20g

【49頁的食材】

蝦子……2尾

高湯煎蛋捲……2片

海苔……適量

竹筴魚……2片

鯛魚……2片

鮪魚……2片

煮星鰻……2片

小朋友的話不用單手用雙手也沒關係。

想成是稍微把醋飯當成黏土玩即可。

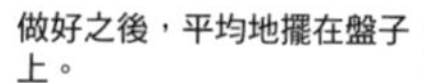

做好之後，平均地擺在盤子上。

最後，放上喜歡的食材。

① 把醋飯擺在一邊的手掌上。

② 緊緊握住。

③ 啪地張開。

④ 把做好的舍利子排在盤子上，再一個個擺上食材。

譯註20：一貫原本是指40、50公克的份量，壽司師傅一般會將其做成兩個握壽司。但現在大多將一貫視為一個握壽司。

＝更詳細一點！＝

# 一直保持手是濕潤的狀態

## 是讓飯粒不黏手的秘訣

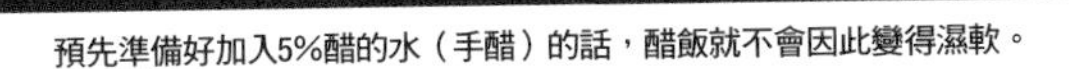

預先準備好加入5%醋的水（手醋）的話，醋飯就不會因此變得濕軟。

在製作飯糰時也是，是否也曾經因為飯粒黏在手上而困擾呢？原因是因為手不是濕的，經常讓手處在濕潤的狀態下就不會黏上飯粒了。

首先，在開始握壽司之前請先在碗公裡裝水，並將手浸泡至手腕處。1分鐘之後離開水中，暫時用乾的手巾確實擦拭雙手直到沒有水氣為止。然後再次浸泡至手腕，這次只泡30秒就取出，並且在擦拭時維持在不要擦去過多水分的程度。

以這個狀態來握還是會沾上飯粒的話，就請再重複一次泡水、擦拭。因為手的濕度有個人差異，冬天和夏天也會有狀態的不同。在反覆進行的期間，就能搞清楚自己手的狀態了吧！

私家壽司筆記

### 誕生於江戶時代的東京鄉土壽司就是握壽司

我和統整了全國鄉土壽司的『壽司百科【*譯註21】』（東京堂出版）作者，日比野光敏先生相當熟識，他總是會告訴我有關鄉土壽司的事。根據日比野先生的書，江戶前握壽司是誕生在文政之際（1820年代），是由在兩國町開店的華屋與兵衛這個人，做出了最初的握壽司。

當時一般是把江戶前（江戶灣）捕獲的魚類，搭配醋飯製成箱壽司，而押壽司則是另外下工夫。此外，或許是不喜歡壓的做法會擠出魚類的油脂，才構思出用握的做法。當時是用鹽或醋將魚醃漬後做成握壽司，至於直接握上生魚片的形式，則要等到冰箱普及之後。順帶一提，在中間夾入山葵，則是考慮到殺菌效果的前人智慧。

譯註21：雖然是參考資料，但為閱讀方便還是暫譯為壽司百科（也可譯為壽司事典），或是改成原文的すしの事典。

母親節

# 壽司花圃

## 讓感謝之花綻放在醋飯上

在高知縣有種只用蔬菜當配料，名為「農村壽司」的鄉土壽司。在山產的竹筍上，使用蘘荷、菇類一類的當季蔬菜，做成棒壽司或是握壽司。綠色、紫色以及褐色等色調，既漂亮又討人喜歡。而蔬菜清脆的咬勁，與醋飯以非常好的感覺搭配在一塊。

當我看到這個農村壽司時，就想著，如果將擺盤弄得更加華麗的話，不就能做出彷彿母親節花朵的壽司了嗎？於是便動手製作了。這是把醋飯當成土壤，並讓多彩的花卉綻放其上的「壽司花圃」。

也可以把鮪魚生魚片做成花朵，塞滿色調鮮明的蔬菜來當成花田也行。最後，再把媽媽最喜歡的真正的花束增添在壽司一角。怎麼樣，這樣一來總算是用具體的形式，盡可能地把平日的感謝表現出來了吧！

## 材料

- 醋飯……400～500g
- 醬油……適量
- 紫花苜蓿……適量
- 芥菜……適量
- 苦菊……適量
- 綠花椰菜芽……適量
- 蓮藕……適量
- 甘醋漬蘘荷……適量
- 芽蔥……適量
- 紫甘藍菜芽……適量
- 甜椒（黃、紅、橘色）……適量
- 綠蘆筍……適量
- 小蘿蔔……適量
- 玉蕈……適量
- 豌豆……適量
- 竹筍……適量
- 小番茄……適量
- 鮪魚生魚片……適量
- 鯛魚生魚片……適量
- 玫瑰……適宜

把醋飯塞至多層木盒的一半並鋪平。

因為生菜較多，用醬油幫醋飯調味。

插好的花，之後可以插在玻璃瓶等容器裡。

1. 蓮藕不裹麵衣直接油炸，將蘆筍和豌豆燙過。炒好玉蕈，並煮好竹筍。
2. 醋飯塞到多層木盒一半的高度，稍微灑滿醬油。
3. 塞入紫花苜蓿並弄成草皮的模樣，排列好其他蔬菜不讓彼此的色調重疊。圓的和尖的蔬菜也錯開來排列。
4. 在角落把四片鮪魚生魚片疊起來，並捲成花朵。
5. 用保鮮膜把玫瑰花的莖包起來，讓樹液不要流進醋飯裡，並插在醋飯的一角。

＝更詳細一點！＝

# 剩下來的蘘荷風味甘醋也能有效活用

## 甘醋醃蘘荷的製作方式

在甘醋裡醃漬過的話，就會變成鮮明的粉紅色。

可以享受清爽的味道，也能夠保存起來的甘醋漬蘘荷，這是道希望你能夠記住的一道菜。

一開始先來製作甘醋。以3根蘘荷來說，就用50 ml的米醋加20 g的砂糖，倒入鍋裡一邊加熱讓砂糖融化，同時把醋給去除掉。這麼一來甘醋就完成了。接著把蘘荷縱對半切，放入沸騰的熱水裡。一分鐘過後蘘荷會變白，將它移動到竹篩上。趁熱撒上一撮鹽，並直接放進甘醋裡醃漬。約30分鐘到1個小時後，就能醃漬成漂亮的粉紅色。

醃漬完蘘荷之後，剩下來的蘘荷味甘醋也有許多用途。放入切碎的薑就會變成蘘荷風味的薑，這也非常地好吃。試著把燙過高麗菜和洋蔥拿來醃漬也不錯吧！

私家壽司筆記

## 造訪鄉土壽司的大國高知縣之後 刺激了壽司師傅的壽司腦

以使用蔬菜的農村壽司為首，在高知有著許許多多獨特的鄉土壽司。其種類之多，恐怕是日本第一。為什麼會有如此豐富多彩的鄉土壽司誕生於高知呢？詳細的當地報告統整在了146頁。對我們這些總是致力於創作新壽司的人來說，高知可是個非常迷人的地方。

不管遇到哪種鄉土壽司都覺得很有意思，成為了思考新食譜的刺激。真是座靈感的寶庫。果然，人在吃了美味的東西之後就會感覺到幸福，腦袋也會開始猛烈地運轉。

自古流傳下來的鄉土壽司裡，凝縮了日本的飲食文化以及生活的智慧，同時，也蘊含著產生新食物的提示。教會了我們回歸原點的重要性。

父親節

# 豆渣壽司

## 用健康食物來應對代謝症候群如何？

對最近開始注意起小腹四周的父親或是丈夫，製作有點健康的「豆渣壽司」來祝賀父親節怎麼樣呢？這是種使用豆渣而不用醋飯的壽司。酸味的豆渣一開始或許讓人難以想像，但這可是意外會成癮的美味。

這是高知縣宿毛市的鄉土壽司，因為當地經常捕獲丁香魚，所以原本是採用丁香魚的。丁香魚像頭巾一樣，覆蓋在做得圓滾滾的豆渣手鞠上，總覺得相當可愛。這份魅力超出了當地，甚至被採用作為JAL【*譯註22】頭等艙的頂級飛機餐。

這次則是試著採用蝦子和鯛魚生魚片，總之只要是白肉的魚都會相當適合。由於豆渣可以冷凍，想吃的時候再解凍即可。這種情況下，不要說是父親節，拿來當成私家壽司的固定菜色或許也不錯。

譯註22：Japan Airlines的簡稱，也就是日本航空。

**材料**

| 材料 |  |
| --- | --- |
| 豆渣 | 300g |
| 沙拉油 | 50mℓ |
| 切碎的薑 | 30g |
| 烤鯖魚 | 30g |
| 豆漿 | 100mℓ |
| 砂糖 | 10g |
| 米醋 | 50mℓ |
| 醬油 | 10mℓ |
| 丁香魚 | 5片 |
| 蝦子 | 2尾 |
| 鯛魚生魚片 | 6片 |
| 山椒芽 | 6片 |

烤鯖魚會成為豆渣的鮮味。其他的白肉魚也OK。

放入豆渣。炒的時候不要讓它焦掉。

像是輕輕地包覆住一樣來製作手鞠。

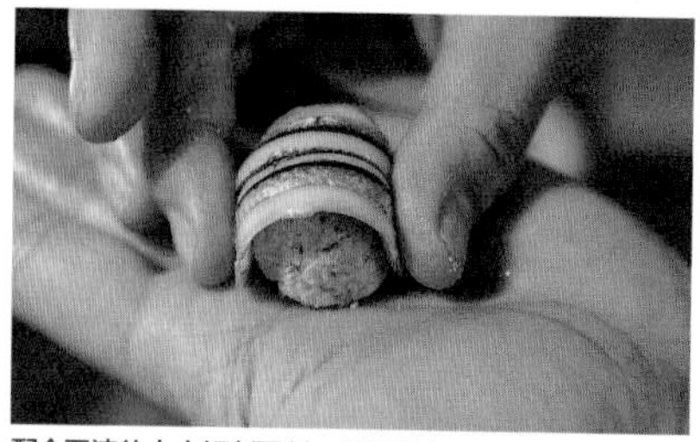

配合豆渣的大小切割配料，並覆蓋上去。

① 把丁香魚用醋醃過（醃到肉變白為止。參閱p63），蝦子先燙好。

② 將平底鍋加熱並倒油，放入薑，接著再放入弄碎的烤鯖魚，用大火來炒。

③ 放進豆渣，加入豆漿、砂糖、米醋後再繼續炒。加入豆漿可以做出濃郁的味道。

④ 加入醬油，當整個濕潤之後關火讓它冷卻。

⑤ 把冷卻後的豆渣拿到一隻手上，用雙手揉捏成手鞠。擺上丁香魚、蝦子、鯛魚，最後添加山椒芽。

＝更詳細一點！＝

# 再多增加一點吃豆渣的機會吧

## 關於豆渣丸子

豆渣是隱藏著各種可能性的食材。

在製作豆腐的過程中所產生的副產品就是豆渣。雖然豆腐店老闆會花錢請人處理掉，但重新嚐過之後我們注意到，它果然還是很美味的東西。更重要的是，非常健康，而便宜也是它的魅力。有種大家平常再多吃一點也沒關係的感覺。

所以，如果在店裡看到，推薦你把它買下來做成豆渣丸子。只要做成手鞠的狀態後冷凍起來就好。之後想吃的時候，再從冷凍庫拿出想吃的個數讓它自然解凍。這麼一來，不管什麼時候都能製作豆渣壽司了。

搭配的魚類不是丁香魚也無所謂。只要是白肉魚，我想大致上都會很適合。可愛的外表，無疑會在轟趴等場合上大受歡迎的。

私家壽司筆記

### 使用炒鍋來炒豆渣 被顛覆的豆渣壽司概念

在高知縣宿毛市一整年都能捕到丁香魚。我從這些丁香魚漁夫的妻子那學到了製作豆渣壽司的方法（學習的情況在146頁）。突然拿出炒鍋並開始豪邁地炒起豆渣，讓人不禁嚇了一跳。雖然我也會做些異想天開的壽司，但使用炒鍋的壽司這還是第一次。

不過，做出來的壽司實在非常纖細。一開始是由用油炒過的薑引出風味，烤鯖魚的鮮味和豆漿的濃郁則成了很棒的佐料，然後是帶有醋味的豆渣，讓它成為一道絕品。大大地顛覆了過去豆渣壽司的概念。

就連平常專注執著於醋飯的我，也馬上將它加入店內的菜單。

暑假

# 竹筴魚棒壽司

## 消除暑熱！增加食慾

在炎熱的夏天，總會有種食慾不振的感覺。雖然油膩而肥美的鰻魚也不錯，但對覺得「口味有點太重了」的人來說，醋飯會是最適合的吧！在消除食慾不振這一點上，醋是恰到好處的調味料。

而特別適合夏天的，那就是使用帶有明確醋味的竹筴魚，清爽系的「竹筴魚棒壽司」了。張嘴大咬一口，彷彿有陣令人暢快的風輕輕吹進了沉悶的日常裡，飄盪起涼爽的氣息。

雖然夏天做菜相當麻煩，但是不必擔心。跟鯖魚相比，竹筴魚可以用較短的時間就醃漬完成，之後也只需將為醋飯帶來刺激感的薑以及竹筴魚放到壽司捲簾上捲起來就好。非常的簡單。

不管味道、份量都比較清淡，所以既可以拿來當成正餐，也可以拿來代替小朋友的點心。當然，作為大人們的下酒菜也是恰到好處，若在聚會之類的時候加入成為一道小菜，也會受到客人們的喜愛吧！

## 材料

醋飯……100g
半片竹筴魚……200g
鹽……適量
醋……適量
薑泥……適量

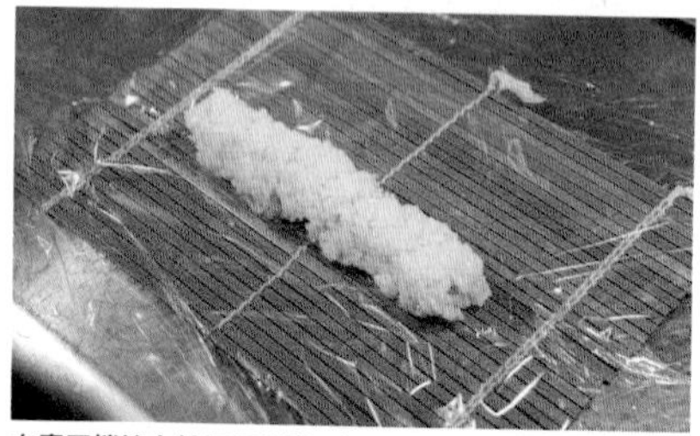
在壽司捲簾上鋪好保鮮膜，把醋飯擺成棒狀。

將醋飯整個蓋住般地擺上竹筴魚。

為了在捲到一半時不讓竹筴魚被擠出來，要把保鮮膜的兩端綁起來。

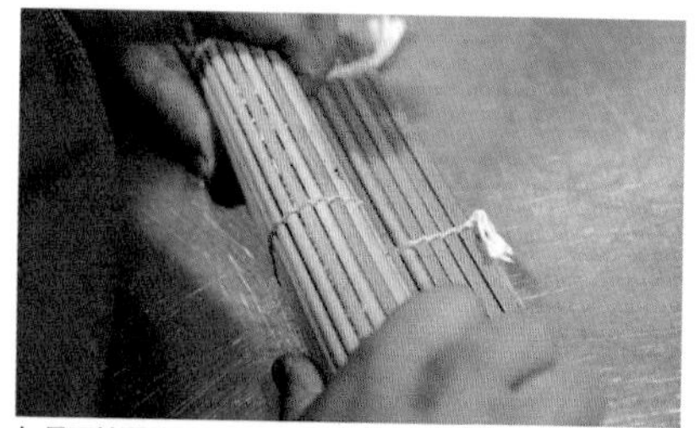
如果不拉緊的話，切的時候就會散落開來。

① 把醃漬好的竹筴魚（參閱p63）去骨、剝皮後，切成一口大小。

② 在壽司捲簾上鋪好保鮮膜，擺上棒狀的醋飯。

③ 把薑泥鋪滿整個醋飯，接著擺上竹筴魚。

④ 用兩隻手一邊捲起保鮮膜一邊拉緊，將壽司整個包覆起來。

⑤ 最後，捲起壽司捲簾，將它確實地壓實、拉緊。

＝更詳細一點！＝

# 因為一下子就能醃漬好所以相當輕鬆

## 醃竹筴魚的做法

皮跟肉都均勻地撒上鹽。

像這樣吸收鹽分之後，
就能去除腥味和水分。

用醋醃漬竹筴魚的步驟和醃鯖魚的時候是一樣的。首先，將三枚切的竹筴魚放在竹篩上，並在下方放好鐵盤。從肉的一側開始撒滿鹽，再翻到皮的那面撒上鹽，然後就這樣放置約30分鐘。

當鹽確實吸收進去之後，用水把鹽洗去，泡進醃漬醋裡醃漬。在醃鯖魚那段也提到過，若是要反覆使用醃漬醋，要先浸過一次醋水（水混合1成比例的醋）再放進醃漬醋裡，這樣醃漬醋就不會臭掉。像這樣醃漬15分鐘後，醃漬竹筴魚就完成了。

醃竹筴魚的重點，在於連骨一起泡進醋裡。如果拔掉骨頭的話，會讓過多的鹽分吸收到去骨所留下來的空隙裡，所以請小心這點。順序是醃漬完之後，再來去骨、去皮。

---

私家壽司筆記

### 做私家壽司時希望可以常備的道具如果有壽司捲簾的話就會有想做的心情

可稱得上是私家壽司必需品的，那便是壽司捲簾了。雖然也能夠用保鮮膜一類的來代替，但在製作需要捲的食物時，有壽司捲簾畢竟還是可以比較簡單地做出來，也可以捲得很漂亮。

特別是像這次的棒壽司類，壽司捲簾會發揮很好的功效。棒壽司基本上是切開來分食的。但也經常會有菜刀一切，壽司就崩塌、散落的情況。煞費苦心做好的壽司，正要開動前卻變成悲慘的模樣實在非常可惜。

為了防止這種災難，得讓醋飯和配料恰到好處配合在一起，並且將它拉緊固定。最適合做這件事的就是壽司捲簾了。既不是多麼昂貴的東西，收拾起來也不會很麻煩，所以請務必在手邊準備一個。

私家製作
之二

## 高湯煎蛋捲
## 必須趁熱來做點什麼

有光澤又鬆軟的高湯煎蛋捲，在吃之前就已經給人一種幸福的感覺。首先，以6顆雞蛋來說，要準備的有高湯90 ml、味醂35 ml、酒35 ml、砂糖30 g以及鹽2 g。把高湯加熱，將所有的調味料調和在一起並讓它沸騰。關火，連同鍋子一起放入冰水中讓它確實冷卻。然後，把蛋打成蛋汁。要注意如果起泡的話，空氣會跑到煎蛋裡。接著把高湯倒進蛋汁裡。

在用大火烤得熱呼呼的煎蛋器上塗油，先倒入1／3的蛋汁然後迅速攪拌。當表面變得半熟的時候捲3層，將它移至底部後再倒入1／3的蛋汁，變成半熟之後就捲起來。像這樣反覆進行2次。這段期間一直都保持用大火。

就如同打鐵趁熱這句話一般，不管什麼事，若不趁著正熱烈的時候來實行，那就無法成功。

# 秋日私家壽司

8月～10月

盂蘭盆節

# 幽靈壽司

## 也把幽默供奉給祖先

在壽司的世界裡也出現了幽靈!?事實上在山口縣宇部市，真的有種叫做「幽靈壽司」的鄉土壽司。實在讓人非常好奇所以前往當地拜訪。而它的真面目，是種完全沒有擺放或混入配料，只使用全白醋飯的方形押壽司。

是把這種外表比喻為幽靈嗎？還是把完全沒有配料說成是擺上幽靈呢？據說是從江戶時代中期開始出現的，讓我知道了以前的人也是相當富有幽默感的。現在由於被認為不會有人想吃只有醋飯的壽司，因此，鄉土壽司保存會的人在製作時加入了配料。

話雖如此，表面仍保持著一片雪白。只有因為幽靈會讓人聯想到柳葉，所以只加上了一點小黃瓜皮。非常超現實主義的做法。因此，我將這份玩心也加進了私家壽司裡。供奉完祖先們之後，再讓大家一起來享用吧！

## 材料

醋飯……1000g
乾燥香菇……適量
胡蘿蔔……適量
牛蒡……適量
白肉魚……適量
水芹之類的當季葉菜……適量
雞蛋絲……適量
小黃瓜……適量

因為要把塞好的壽司翻過來，所以在下面鋪上保鮮膜。

用醋飯把所有的食材夾成三明治的狀態。

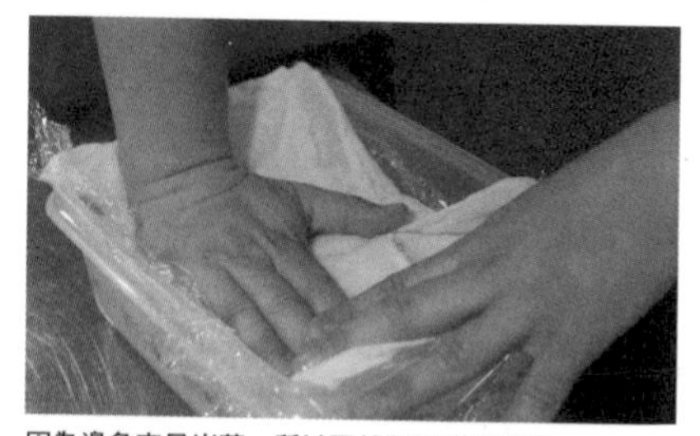

因為邊角容易崩落，所以要特別仔細地壓緊。

用菜刀切成12等分。

① 用調味料（醬油、酒、砂糖、味醂，參閱P82）來煮香菇，把胡蘿蔔、牛蒡、水芹燙過，分別切末之後混合在一起。

② 白身魚用酒煎過做成魚鬆之後，和醋飯拌在一起。

③ 把水芹燙過，小黃瓜的皮切成像柳葉一樣細。

④ 在保存容器裡鋪上保鮮膜，並鋪上一半的醋飯。用濕的棉布將它均勻地壓平。

⑤ 把混合好的配料撒在飯上，接著再撒上水芹、雞蛋絲。

⑥ 鋪上剩下的醋飯，並從濕棉布上用兩隻手將它用力壓緊。

⑦ 將整個保存容器翻過來之後，取下容器並拿掉保鮮膜。

⑧ 切成12等分之後，擺上小黃瓜的皮。

＝更詳細一點！＝

# 若家裡有四方形的盒子就可以有效活用

## 不會碎掉的方形押壽司做法

邊角為直角的盒子類，如果是可以用手來壓的大小的話，就可以拿來製作押壽司。這種時候，要為整體施加均等的壓力，同時也要將邊角的部分確實地壓緊。若能讓側面的部分凜然地直立起來，就不用擔心從盒子裡拿出來切的時候會碎掉了。壓的訣竅，是擠壓時將身體的重量集中到手上。

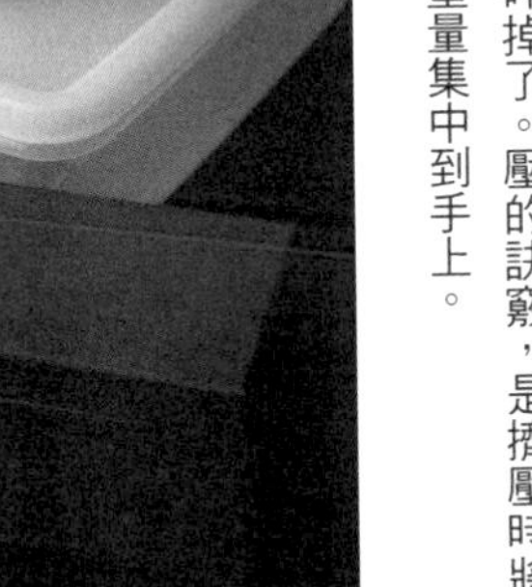

保存容器或蛋糕類的盒子都可以拿來用。

私家壽司筆記

### 希望以適合當代的形式重新提出的鄉土壽司

「今天來做幽靈吧」。在山口縣宇部市中，經常交錯著這樣的對話。不過，雖然說是宇部市，卻也僅限於山間的吉部地區，如果前往附近地區的話，則是連幽靈壽司本身也沒有人知道。鄉土壽司往往都只有在特定的局部地區才能吃得到，是種超稀有的地方飲食。

知曉製作方式的當地的媽媽們（大概都已經60幾歲了吧），在她們孩童時期，吃的是完全沒有加入配料，道道地地的幽靈壽司。作為一個至今還留有梯田的地區，也是優質米的產地，即便沒有配料只要有好吃的米就夠了，是一種盂蘭盆節或祭典時的節慶料理。

不過，在如今這樣富裕的時代，過去的風格已經沒辦法吸引人了，所以才開始加入配料的吧！這次介紹的幽靈壽司食譜，是將當地改良過後留存下來的壽司，更進一步調整成適合現代生活的形式，屬於我個人的二次挑戰。

位於全國各地的鄉土壽司，除了有當地經常吃、受到喜愛的壽司之外，另一方面，幾乎沒有人繼承而即將消失的也不在少數。

無法保留下來有各種的理由，像是製作費工或是需要特別的配料等，但也有因為「小朋友們不喜歡」、「做了也沒人要吃」之類的原因，而慢慢衰落的例子。

雖然堅持並講究自古以來的傳統製作方式也很重要，但我想，在大前提之下難道不該是製作出任何時代都很美味的壽司嗎？

敬老日

## 想要擺滿滿地奢侈慶祝

# 大名軍艦卷壽司

這是給上了年紀的人們的祝賀壽司。因為可能吃不了太多，所以試試看在一口大小上放滿了奢侈配料的「大名軍艦卷壽司」如何？

最肥美的鮪魚肚、搭上海膽、鮭魚卵、真鯛還有松葉蟹。把大多數人會喜歡的特殊配料，做成僅僅一個卷壽司的模樣，實在既壯觀又有魅力。更何況，是將這些明星食材擺在一起並同時放進嘴裡大口咀嚼。越咬，一定越能感覺到各種味道和口感在嘴裡彼此共鳴吧！

更重要的是，毫不猶豫地一口吃下，那幸福的瞬間讓人無法抵抗。奢侈就是，越是短短的一瞬間越讓人感覺閃耀著光輝。然後可以看見老爺爺老奶奶喜悅的臉龐，兒子和孫子也因為這張笑臉而露出微笑。這種滿是笑臉的場景，對大家來說，肯定才是最棒的款待吧！

## 材料

【一卷的份量】

醋飯…………20g

海苔…… 寬3cm長16cm

最肥美的鮪魚肚……適量

海膽…………適量

鮭魚卵…………適量

松葉蟹…………適量

真鯛…………適量

青紫蘇…………適量

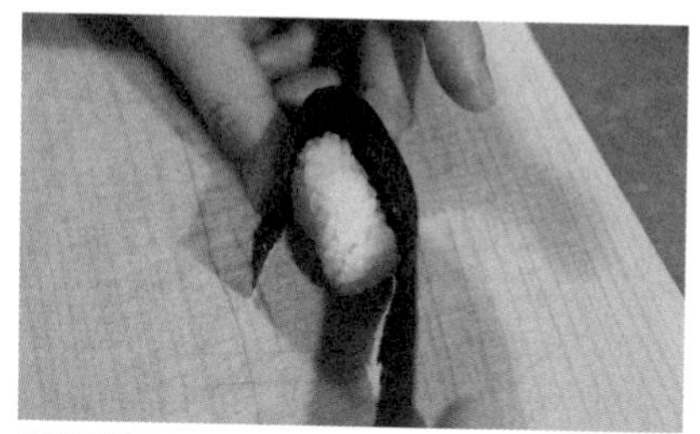

就算握得不牢固也沒關係，因為會用海苔捲起來。

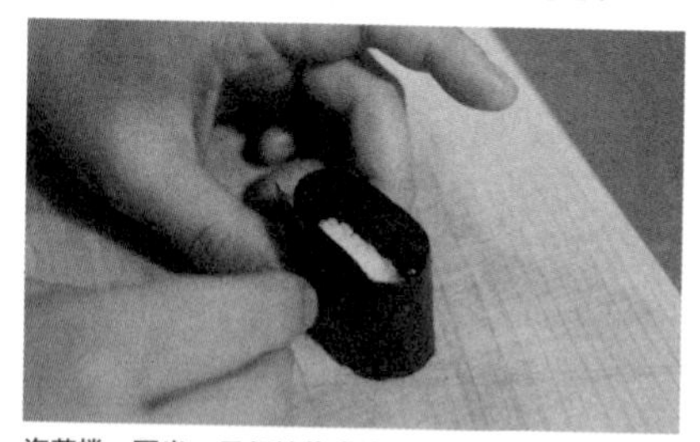

海苔捲一圈半。用飯粒將邊緣固定住。

最後再塞鮭魚卵和海膽的話會比較容易擺放。

1. 將醋飯握成約海苔 1/2 的高度。

2. 把海苔捲起來，用飯粒把邊緣固定住。

3. 從邊邊開始擺放配料。

4. 最後配上青紫蘇，增添一點綠色色彩。

＝更詳細一點！＝

# 要選哪一個？韌性還是融化時的口感？

## 海苔的選法

一旦踏入海苔的世界，會發現其實它相當深奧

根據用途不同，應該使用的海苔種類也會不同。選擇的基準有顏色、光澤、香氣、味道、韌性，以及在嘴裡融化時的口感這6項。從顏色到味道的4項因為種類繁多，這部分就是看個人的喜好。另一方面，韌性和口感則視海苔要用在何處，依用途而會有很大的區別。

卷物壽司或飯糰等要用有韌性的海苔來製作會比較容易，口感好的海苔則會容易撐破所以要特別留意。而放進嘴裡容易溶化的類型，比較適合手卷壽司類，軍艦卷也是選用這種海苔會比較好。

由於產地也是各式各樣非常地深奧，很難全部搞清楚，最直截了當的做法就是到海苔專門店去，告知店家用途後請他們幫忙挑選。使用多樣的海苔並享受它們的差異，應該也不錯吧！

私家壽司筆記

### 像是握壽司又是卷物壽司的混血兒

軍艦卷壽司是由於海苔捲住醋飯及配料的模樣長得很像軍艦而被人們如此稱呼，是種名字很雄壯的壽司。只不過，其誕生的來龍去脈並不明朗。說到底，它也是個處在不可思議位置上的壽司。

從可以一口吃掉這點，怎麼看都可以說成是握壽司吧！但是一看海苔裡面，捲有各具魅力的配料，以彷彿要從海苔裡滿溢出來一般的氣勢捲起來的模樣，也和太卷壽司有相似的感覺。

沒有能讓壽司變得更好吃的方法嗎？壽司沒有更新穎的形式了嗎？壽司就是在這樣的想法下被添加了創意巧思，而像今日一般變得多樣化。軍艦卷一定也是從「想要同時享受握壽司和卷壽司」這種任性的願望以及對食物永不饜足的追求中誕生的壽司吧！

運動會・野餐

# 蔬菜包壽司

## 想在野外像吃便當一樣來享用

又到了待在外頭會讓人感到舒服的季節。總覺得這個時期在野外用餐的機會也跟著變多。於是，我想出了可以當成便當來享用的，不是私家壽司而是野外壽司的「蔬菜包壽司」。

靈感是源自於範圍涵蓋和歌山縣一直到奈良以及三重縣的，吉野・熊野的鄉土壽司「目張壽司」。雖然正宗做法是用鹽漬高菜【＊譯註23】來包裹飯糰，但在這裡則嘗試使用大白菜、菠菜、高麗菜，再加上萵苣這類平時常用的蔬菜。

由於中間只有醋飯的話會過於清淡，所以稍微做了一點變化。大白菜（照片左端）包的是梅子加上紫蘇、魚板的清爽系，菠菜（左起第二個）則因為適合搭配油脂類，所以包入了用奶油和醬油炒過的扇貝。而高麗菜（同照片第三個）也適合味道重的東西，所以用韓式豆芽菜配上拌醬油麴的金槍魚。有著恰到好處苦味的萵苣（右端），則是包有炸魚餅和紅薑。

譯註23：芥菜的變種，通常會拿來製作成醃漬食品。

**材料**

醋飯……各20g
大白菜……1片
梅干……適量
青紫蘇……適量
魚板……適量
菠菜……適量
扇貝……1個
奶油……適量
醬油……適量
高麗菜……1片
豆芽菜……適量
芝麻油……適量
鹽……適量
芝麻……適量
金槍魚罐頭……適量
醬油麴……適量
茼苣……1片
炸魚餅……適量
紅薑……適量

青菜切片的大小要考慮到包覆的醋飯。

添加配料時就像是擺放在醋飯上。

包裹配料的時候，要調整成不會滿出來的量。

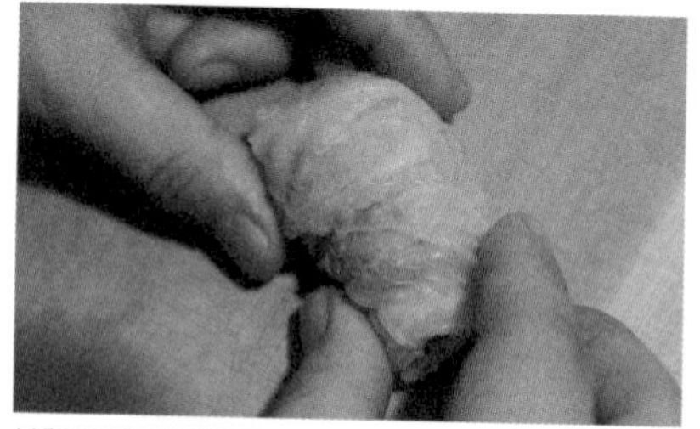
以製作高麗菜捲的要領將它包起來。

① 將青紫蘇、魚板細切。切半的扇貝用奶油和醬油拌炒，燙過的豆芽菜拌上芝麻油和鹽之後撒上芝麻。金槍魚拌醬油麴，紅薑切絲，炸魚餅細切。

② 在燙好的青菜上擺放醋飯，搭上各種配料。

③ 用青菜包起來。

＝更詳細一點！＝

# 燙完之後一定要浸泡冷水

## 包覆用蔬菜的事前準備

包覆用蔬菜的事前處理，首先要切掉堅硬的菜梗，接著泡進滾燙的熱水裡。當青菜變軟之後，馬上拿出來浸泡冷水。

如果是高麗菜的話，變軟會需要比其他蔬菜多花一點時間，因此以浸泡熱水大約30秒為佳。

此處的重點是不要燙得太久。要是變得太軟就會難以捲起來，而吃起來的口感也不好。留住蔬菜獨特的清脆口感才會比較好吃。因此，燙完之後不要忘記浸泡冷水。藉著浸泡冷水，防止因餘熱導致加熱過頭。

確實將熱水煮沸。

去除堅硬的部分後泡進熱水裡。

變軟之後馬上浸泡冷水。

私家壽司筆記

### 不需筷子也不用碗就能吃完 用先人們的智慧把它包裹起來

吉野・熊野的鄉土壽司「目張壽司」，比起節慶壽司更接近日常的便當，一般認為是被紀伊山中的林業工作者當成口糧而傳承下來的。由於是重體力的勞動，一餐需要相當的份量，因而把飯糰做得稍大一些。張開大口吃這種大顆飯糰的同時，會露出彷彿睜大雙眼般的表情，似乎就是因為這點而被稱為目張＝睜大雙眼的樣子。

另一方面，也有種說法是，高菜宛如密閉般把醋飯包裹起來，才因此被稱為目張。

不管是哪種說法，都是因為野外並不方便使用筷子和碗，所以才產生出這種用葉子包起來，並且連整個葉片一起吃，不用碗筷也能享用的風格吧！

萬聖節

# 可以外帶回家的笹葉【＊譯註24】壽司

雖然萬聖節現在已經發展成日本最大的Cosplay慶典，但是給前來家裡拜訪的小朋友糖果才是原本的習慣。雖說甜甜的糖果也不錯，但若要採取日本式萬聖節做法的話，此時該給的就是壽司了吧！

只要在醋飯上抹上南瓜糊，就徹底達成了萬聖節的條件。之後只需撒上黑芝麻或是擺上秋鮭【＊譯註25】薄片，可愛的握壽司就完成了！如果做成用笹葉包起來的「笹葉壽司」，既可以好好享用而不把手弄髒，也可以各自將它帶回家。

在全國各地有相當多像這樣使用笹、柿子或是朴樹等葉子的鄉土壽司。這種既堅固又大片的葉子可以代替盤子或保存容器，相當的方便。說不定這也是個告訴小朋友們，此類飲食文化故事的好機會。

譯註24：華箬竹屬，一種類似竹子而較小型的植物。（相較之下，笹說不定比華箬竹更常見，故暫採此譯，也可譯為華箬竹葉。）

譯註25：サケ為大麻哈魚，又稱大馬哈魚、狗鮭、秋鮭，是鮭魚（Salmon）的一種。由於內文有出現サケ和サーモン，而兩者確實是不同物種，故譯為秋鮭。

## 材料

笹葉……適量
醋飯……各10g
南瓜……適量
鹽……適量
黑芝麻……適量
秋鮭薄片……適量

在超市之類的地方可以買到真空包裝的笹葉。

因為包起來比較困難，所以把飯糰做得小一點。

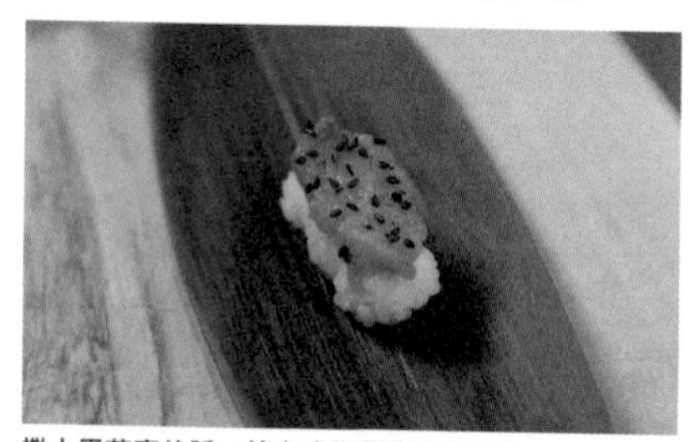
撒上黑芝麻的話，就完成了萬聖節的特色。

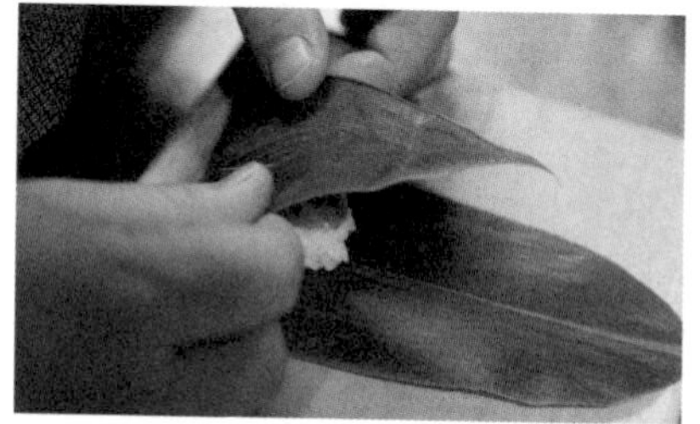
包裹笹葉時小心不要把南瓜擠出來。

1. 南瓜剝皮之後燙過，並把南瓜籽磨碎，用鹽調味後做成南瓜糊。

2. 把輕輕握過的醋飯放到笹葉上，塗上南瓜糊。

3. 撒上黑芝麻，並在另一個飯糰上擺放鮭魚薄片。

4. 用笹葉包起來之後，再拿包裝用的細繩類綁起來。

＝更詳細一點！＝

# 沿著笹葉的葉脈來折疊

## 笹葉的包裹方式

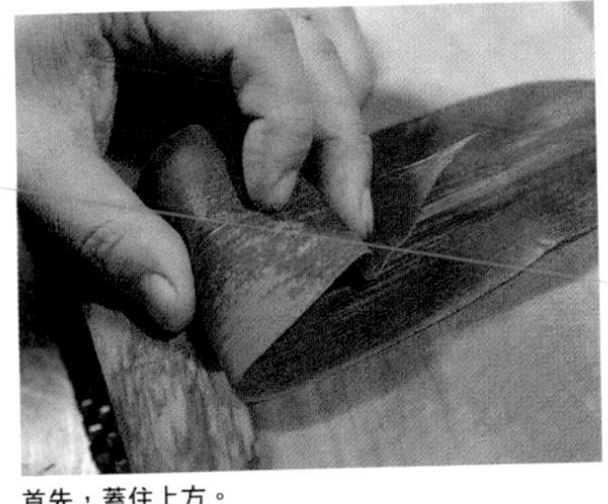

首先，蓋住上方。

接著封住兩側。

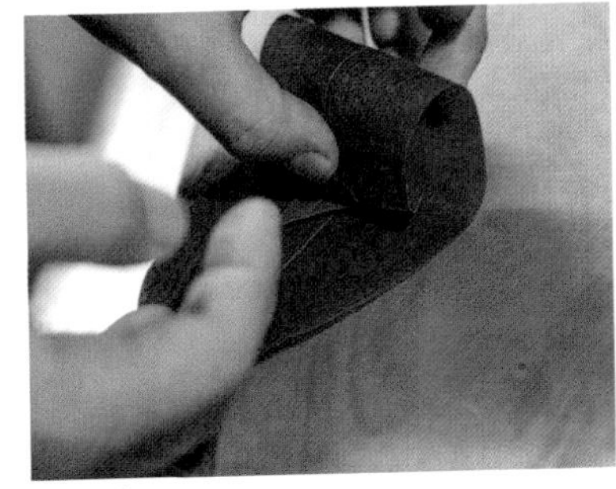

旋轉一次。

再包住兩側。

捲到底。

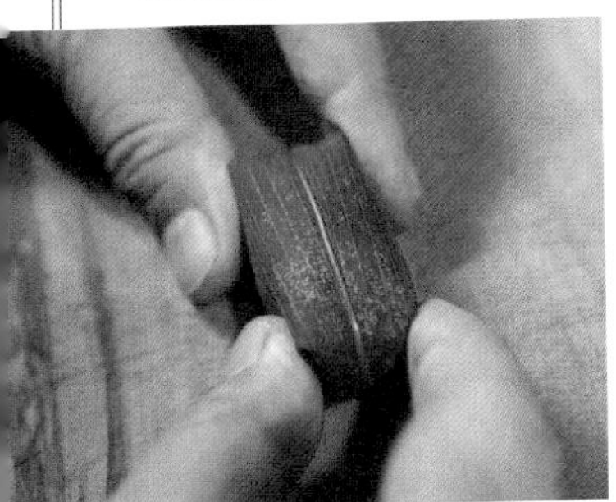

包成四方形就完成了。

私家壽司筆記

### 鄉土壽司的名配角 生長在附近的葉子們

在高知縣土佐的清水市，有種叫做「大吳風草壽司」的鄉土壽司。是種運用生長於當地家家戶戶附近的大吳風草，以它夾住醋飯所製成的押壽司。剝下大吳風草後，壓得緊實的立方體醋飯就會探出臉來。上面只撒著像是拌飯香鬆般的細細炒蛋以及香芹，實在是非常單純的壽司。

據說這是為了讓出海捕魚的漁夫們，即便在搖晃的船上也不會撒落、方便食用而設想出來的。像這類誕生於生活智慧中的鄉土壽司，葉子們有時會非常活躍。這可說是生活在綠意豐富自然中的日本人所會有的創意。而無論是此處的笹葉壽司還是前文出現過的目張壽司，都能感覺到日常享用著醋飯的先人們對醋飯的愛（詳細參閱146頁）。

私家製作
之三

## 煮乾香菇

# 決定好壞的，永遠都是配角的存在

在散壽司中，乾香菇並不是能被明確指出的顯眼存在。目光往往都會被色、味鮮明的海鮮或雞蛋絲等所吸引。但若少了帶有確實滋味的香菇，那就成不了美味的散壽司了。香菇正有如連續劇中展現出存在感的名配角一樣。

把10朵乾香菇泡在滿滿的水裡一個晚上。去除掉吸飽水份的香菇梗後，將它切成2㎜厚的切片。用300ml的香菇水加上醬油100ml、酒50ml，並把50g的砂糖用中火煮到融化後，再把剛剛那些香菇放進去。約20分鐘之後，湯汁差不多要收乾了，最後加入30ml的味醂來調味，並用大火煮使酒精成分揮發掉。

正是有了這樣的配角才會使主角顯現出來，整個作品也會因此變得出色。

# 冬日私家壽司

11月～1月

# 七五三

【＊譯註26】

## 裝飾卷壽司

### 可愛地妝點起來，慶祝孩子們的成長

一般認為「裝飾卷壽司」是源自於千葉縣上總地區製作的「手工藝壽司」，是種添加了精巧裝飾的太卷壽司。現在的裝飾卷壽司則是可愛地描繪著植物和動物，或者是歡樂地設計出大家熟悉的動畫、電玩角色。原本只是部分區域的鄉土壽司，如今在媽媽們之間已經凝聚起全國性的人氣。

由於熱衷於讓圖樣變得更漂亮，所以經常能看見許多使用顯色良好的肉鬆，或是用食用色素等製成的壽司。然而，如果可以的話，還是以運用食材所帶有的原本色調的做法，感覺上較為自然並且也對身體比較好。

因此，這裡便嘗試以淡淡的綠色和粉紅色來製作圖樣。中心的綠色是蘆筍，粉紅色則是用加入紫蘇的梅醋染色而成。在七五三的慶祝場合上，即使不強烈地表現自己，也會不動聲色地展現它的可愛吧！是種就算不喜歡甜食的大人也能享受的壽司。

譯註26：為日本獨特的節日，新生兒在出生30～100內需至神社參拜保護神，而到三歲（男女童）、五歲（男童）、七歲（女童）時，則於每年的11月15日再到神社參拜，感謝神明的庇佑。

**材料**

醋飯…………300g
海苔……全形3片
蘆筍…………1根
加入紫蘇的梅醋……25mℓ

把海苔切成全形的1／3。比一般的細卷更細。

緊緊地捲起來。

要放在中間的細卷就完成了。

① 將150g的醋飯與梅醋混合。蘆筍用鹽水燙過。

② 把切成全形 ⅓ 的海苔放到壽司捲簾上，鋪上30g與梅醋調和好的醋飯之後捲起來。總共要準備5個。

③ 把全形海苔放在壽司捲簾上，鋪上150g的白醋飯，將蘆筍擺在正中間，再擺上5捲細卷，接著以捲太卷的要領將它捲起來。

＝更詳細一點！＝

# 不只色調，還要注重享用時味道的平衡

## 裝飾卷壽司的裝飾法

不只裝飾卷壽司，還有像是散壽司或箱壽司等，在鄉土壽司的世界中為了要表現出適合節慶日子的色調，因此經常會使用有著漂亮粉紅色的肉鬆。這不僅是因為粉紅色的外觀好看，也有受小朋友歡迎的原因在吧！但肉鬆本身就帶有甜味，讓壽司整體變得偏甜的話還是有點可惜。既然如此，我認為就該一邊設想食用時味道的平衡，一邊思考要運用在裝飾卷壽司上的配色食材。

這次在粉紅色的配色上使用了梅醋。要是加得太多就會變酸，所以要控制好粉紅色的染色程度。

由於中心要採用圓圓的樣式，因此選用了蘆筍，不過這部分如果換成玉子燒，黃色和粉紅色的配色也很受人歡迎。

私家壽司是種做起來有趣，吃起來美味的壽司，但是，讓人光用看就感到歡喜的要素也是不可欠缺的。

一邊思考味道的平衡一邊進行裝飾。

私家壽司筆記

### 用素材自然的顏色來製作對身體好的裝飾卷壽司

千葉縣上總地區的鄉土壽司「手工藝壽司」，是在江戶時代末期時，覺得單純的握壽司好像哪裡不夠，而把紅色的芋莖（芋頭的莖）當成芯捲起來，被視為是最初的手工藝壽司。雖然一開始只是簡單樸素的太卷，但漸漸開始使用肉鬆，或是運用食用色素把乾瓢染成紅色或綠色等等，變得越來越花俏。

最近或許是受到了角色造型便當的影響，彷彿在競爭一般，不僅出現了花樣複雜的裝飾卷壽司，還會將它上傳到ＳＮＳ來引起話題。

只不過，壽司不是只有外表好看就好，必須要吃起來也好吃才行。為了色彩鮮艷甚至使用對身體不是很好的東西的話，那就是本末倒置了。我認為活用素材原本就有的自然顏色才是最重要的。

薄酒萊葡萄酒解禁

# 葡萄壽司

## 與清新葡萄酒的結合

與任何酒類都很搭的那就是壽司了。最近搭配葡萄酒來享受的人也不斷在增加。特別是紅酒，我注意到了它和醬油非常契合這點。於是，在薄酒萊葡萄酒開放的那天，在此想推薦，務必要嘗試看看這道把醬油醃漬葡萄乾拌入醋飯的「葡萄壽司」。

從飯糰中散發出葡萄的香氣，塞進嘴裡之後，嘴裡充滿了甜鹹的滋味。此時若再注入未熟的葡萄酒，它們便會在嘴裡彼此唱和。壽司襯托了葡萄酒，也多虧有葡萄酒，使壽司變得更為出色。真正為我們展現出美好的結合。

雖然只有飯糰也很足夠，這次則是搭配添加了柑橘果醬的生火腿（照片左），用薑味醬油炒過的烏賊腳配碎薑（中間），以及煙燻鮭魚加上藍起司和蒔蘿。不管哪一種，都能與紅酒一同享受各式各樣的味覺變化。

**材料**

| | |
|---|---|
| 醋飯 | 100g |
| 葡萄乾 | 25g |
| 醬油 | 10mℓ |
| 生火腿 | 1片 |
| 柑橘果醬 | 適量 |
| 烏賊腳 | 2條 |
| 薑（切片） | 適量 |
| 醬油 | 適量 |
| 煙燻鮭魚 | 1片 |
| 藍起司 | 適量 |
| 蒔蘿 | 適量 |

把醃漬用的醬油也全部加進醋飯裡。

和醬油以及切好的葡萄整個攪拌在一起。

把醋飯握得稍微小一點。

擺上個人喜歡的配料也沒問題。

① 把醋飯倒進碗裡，與醬油醃漬的葡萄乾（參閱p91）拌在一塊。

② 將烏賊腳和用來醃漬的醬油一起炒過，把薑切碎。

③ 將混合好醬油醃漬葡萄乾的醋飯握成飯糰，並擺上配料。

＝更詳細一點！＝

# 常備葡萄乾或許不錯

## 醬油醃葡萄乾的做法

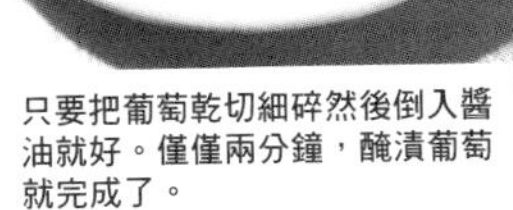

只要把葡萄乾切細碎然後倒入醬油就好。僅僅兩分鐘，醃漬葡萄就完成了。

醬油醃葡萄乾相對於25g的葡萄乾，要準備10ml的醬油。先將葡萄乾切細碎然後倒入醬油。輕輕地攪拌，大概醃漬個1到2分鐘。醃漬好之後，就只需拌進醋飯裡，這麼一來葡萄壽司就完成了。

會有許多人對醬油醃葡萄乾感到意外吧！雖說如此，但葡萄還有葡萄酒其實很適合搭配醬油。雖然彼此的味道都很濃郁，確實地表現著自己，但卻不會互相把優點抵銷掉，而是襯托了彼此。

由於製作起來也非常簡單，所以，當想要品味各種味道的醋飯之類的時刻，試著加一點說不定也很不錯。只要常備有葡萄乾的話，或許會在出乎意料的時候派上用場。

私家壽司筆記

### 在水果與醋飯的組合中存在著新壽司的可能性

說到醋飯，一般都是使用米醋。但是除了米醋之外，也有搭配柑橘類果汁來製作醋飯的方式。在鄉土壽司中有許多這種水果類的醋飯，在愛媛會把橘子汁混進飯裡，在高知則是會運用香橙醋。這種醋飯會散發出它所使用的果物香氣，可以享受到與使用米醋時所不同的味道。

像是這次的醬油漬葡萄乾，也可用葡萄汁來代替。如果是比較甜的果汁，只要調整砂糖的量即可。我想，可以做出別有風味的葡萄壽司。我自己現在也對怎麼搭配水果和壽司抱有興趣，並且不斷地實驗著。各位若是也進行各種嘗試的話，或許也會有新的發現呢！

# 星鰻太卷

## 為平安夜增添色彩的聖誕樹幹蛋糕

聖誕節對私家壽司來說，也算是1年中最大的盛事了吧！在找來家人、朋友或熟人的轟趴中，就是該平常不怎麼出現的壽司登場的時候了。在這裡希望各位務必要嘗試看看的，是「星鰻太卷」。也就是將醋飯做成棒狀並壓實之後貼上煮星鰻。

只要看一眼就會知道，目的是模仿聖誕節的經典，聖誕樹幹蛋糕。煮成茶色的星鰻肉，看起來就彷彿柴薪或是殘枝一般。若是當天無法取得煮星鰻時，我想拿鰻魚來代替也會有同樣的效果。

在前方是象徵雪的奶油起司。周圍散落著香橙皮，還有用山葵製成的一片葉子。在切開星鰻太卷來享用的時候，若沾上這些醬料一起吃下的話，就會感覺到星鰻與醋飯的味道變得更加讓人愉快吧！

**材料**

醋飯……300g
芝麻……適量
切碎的薑……適量
煮星鰻……3條
星鰻的醬汁……適量
香橙皮……適量
奶油起司……適量
山葵……適量

用捲太卷的要領把醋飯製成棒狀。

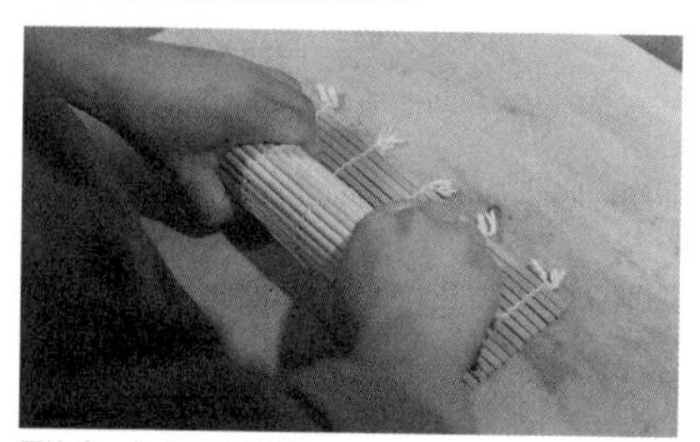
要注意，如果不確實捲緊的話會很容易散掉。

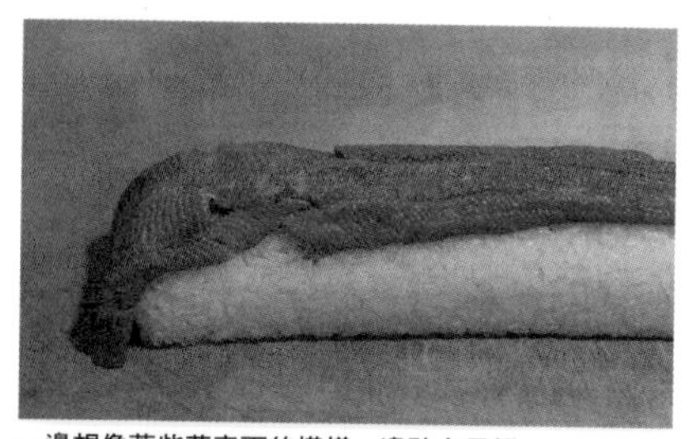
一邊想像著柴薪表面的模樣一邊貼上星鰻。

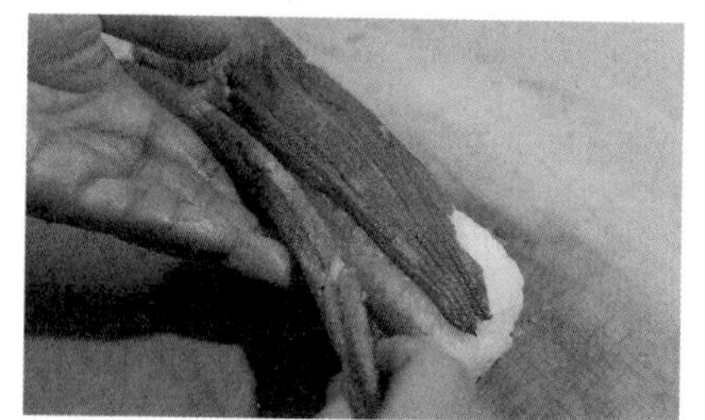
兩側也要貼上星鰻。

1. 把香橙皮切細。
2. 將芝麻和切碎的薑拌入醋飯裡。
3. 將保鮮膜鋪在壽司捲簾上，接著鋪上醋飯。
4. 用保鮮膜包起來讓它成為棒狀，接著把壽司捲簾捲起來並將它固定住。
5. 撕掉保鮮膜，把星鰻肉當成外皮，貼在醋飯的上半部。
6. 接著將星鰻貼於兩側。
7. 將太卷盛到盤子上，並將奶油起司擠成雪的模樣，撒上香橙皮，用星鰻醬汁將整個壽司灑過，再加上樹葉形狀的山葵。

＝更詳細一點！＝

# 不管是用生山葵、山葵粉還是膏狀的山葵都做得出來

## 用山葵來製作樹葉的技巧

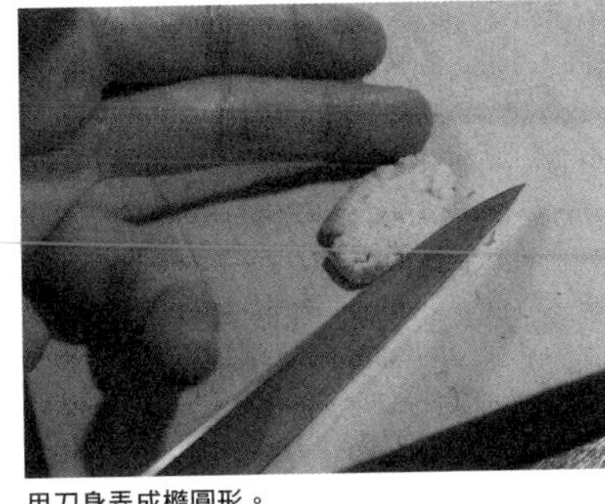

用刀身弄成橢圓形。

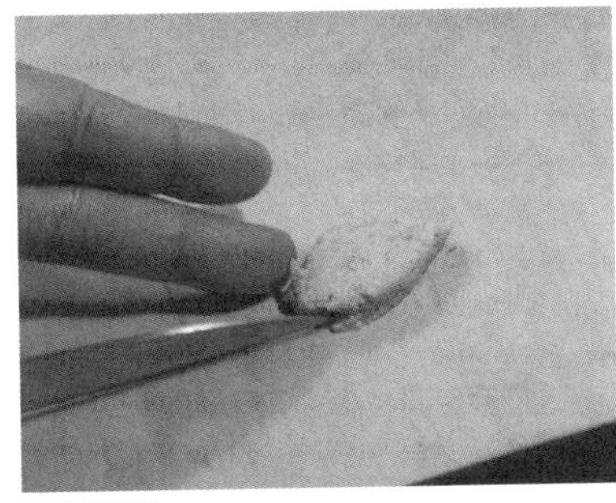

把前端弄尖。

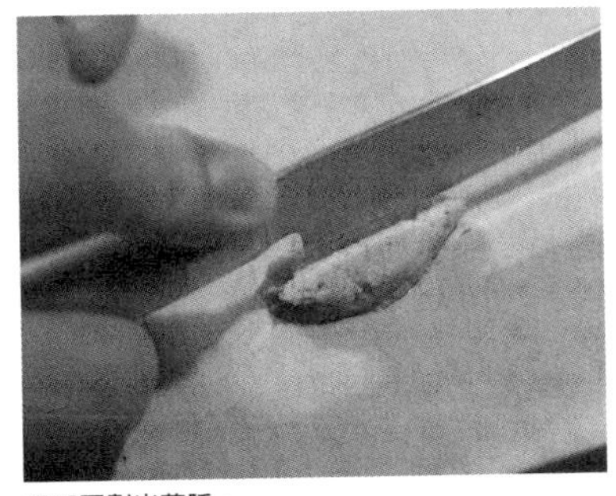

用刀刃劃出葉脈。

斜斜地劃出葉脈。

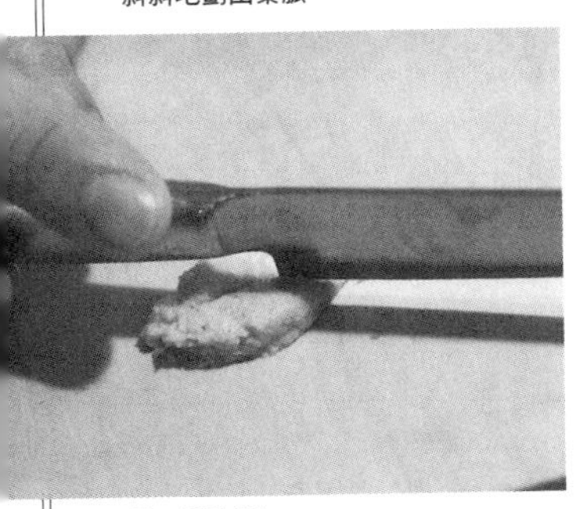

另一邊也要。

也可以用相同的要領做出心型來。

私家壽司筆記

### 讓壽司進化的是製作者和食用者的玩心

追溯壽司的歷史來看，棒壽司似乎是由姿壽司改頭換面而來。由於帶有魚頭或魚尾吃起來很不方便，所以將魚做成三枚切，並用魚身來擁抱醋飯。

不過，這到底是誰想出來的呢？從某個時期開始，就突然出現了用魚身來包住醋飯的吃法。卷壽司正是由此萌芽的。用捲起醋飯的海苔來比擬作魚皮。若以鄉土壽司的名家，日比野光敏先生的話來說，似乎是「從當時人們的玩心中產生的想法」。

這麼一想，這個模仿聖誕樹幹蛋糕的星鰻太卷，可說是讓太卷壽司回到前一個原型身上了。壽司來回穿梭在過去、現在以及未來，是種超越時空不斷進化的食物。

除夕

# 細卷壽司

## 即使在最忙亂的時刻也可以迅速地拿起來吃

只要做好之後隨時隨地都可以享用，這就是壽司的長處。而最適合忙碌除夕的，那就是「細卷壽司」了。只要用指尖抓起來放進嘴裡就好。既不會弄髒手，也可以一口吃掉。若是像鮪魚、乾瓢、小黃瓜這類卷物的代表選手，就算做好後放置一晌，也不須擔心食材會有損傷。

細卷製作的方式本身相當單純，但也經常發生由於太過貪心，在中間放入過多醋飯和配料而撐破的情形。所以，現在來教教你們不會失敗的捲法吧！只要掌握訣竅，之後就很簡單了。既然都難得動手做了，所以也試試看在自家煮乾瓢吧！只要預先做好並把用不到的部分冷凍起來，接下來不管什麼時候都能製作乾瓢卷。

細卷壽司跟豆皮壽司一樣，是種雖然吃的頻率很高，但大多都是用買回來的一種壽司。所以，特地採用手製的話，會讓周遭的評價分數一口氣向上提升。

**材料**

【3根細卷的份量】

醋飯……各80g
海苔……各為全形1/2片
煮乾瓢……30g
鮪魚……40g
小黃瓜……1/4根

讓前方接合處的部分露出壽司捲簾外。

確實以80g的量來製成棒狀就不會失敗。

沒有接合處的話，捲起來時容易撐破。

捲成四角形並固定住。幾分鐘後自然就會變成圓形。

① 將容易出水的小黃瓜籽部分用菜刀切掉。

② 把海苔擺在壽司捲簾上，再放上棒狀的醋飯80g。

③ 鋪上醋飯的同時，分別在前端和末端留下1cm的接合處。

④ 擺好配料之後，一邊壓住配料一邊用壽司捲簾將它一口氣捲起來。

⑤ 藉由運用雙手的大拇指、食指及中指的「六點封閉法」，將它牢牢地封緊。

＝更詳細一點！＝

# 無漂白的乾瓢更容易入味

## 漂亮的乾瓢煮法

煮之前的乾瓢是一片純白。

煮好之後，變成有光澤的茶色。

相對50g的乾瓢，調味料的比例為醬油50ml、酒20ml、砂糖50g以及10ml的味醂。把乾燥好的乾瓢放入鍋裡用水燙過。若是漂白過的乾瓢表面會很硬，所以需要加上用水泡發之後以鹽來搓揉的手續。

當乾瓢變得像指甲一樣軟，可以切斷的時候，放到竹篩上去掉水分。將味醂之外的調味料倒進鍋子裡，一邊煮一邊攪拌，並斟酌砂糖溶化的時機放入乾瓢。由中火轉成小火，一直煮到整個變色為止，當湯汁煮乾之後，邊繞圈邊倒入味醂，再將水分煮掉就完成了。

瓢白過的乾瓢雖然在保存性上較具有優勢，但也由於表面較硬，有著較難入味的缺點。

私家壽司筆記

### 連海外名流也在注目？乾瓢是健康的超級食品

你們知道國內製作乾瓢最出眾的是栃木縣嗎？全國生產量的98％都是產自栃木縣。栃木縣真可謂之乾瓢的聖地。但為什麼栃木縣會成為一大產地呢？由於乾瓢是把瓜類的葫蘆果實削成細長並乾燥之後製成。而最適合葫蘆生長的，是保水性佳排水優良的土壤，栃木縣恰巧就是這樣的環境。

由於包含在乾瓢內的食物纖維有增加比菲德氏菌的功能，不僅能促進排便也能排出體內的雜質，可以預防大腸癌或是肥胖，除此之外，瘦身效果也是值得期待。雖然外觀並不起眼，但卻是個海外的名流若是知道，就一定會迷上的超級食品。

正月

# 糯米壽司

## 一口吃下『太陽』來迎接新年

雖然很喜歡年糕，但不知為何總有種只有在正月才吃得到的感覺。既然這樣，也用這種黏彈的感覺來享受壽司吧！「糯米壽司」正是用混合了糯米和粳米的米飯來製作醋飯。或許一時之間無法想像用糯米做成醋飯的主意，但在新潟縣的佐渡，當地的人們則是把這道使用糯米的菜餚，作為鄉土壽司繼承了下來。

實際上，當我試著品嚐帶有酸味的糯米時，被超乎想像的美味所震懾。為什麼沒有想過做這種壽司呢？在吃的時候產生了這種非常懊惱的想法。所以，便準備好這種使用糯米讓人聯想到太陽的卷物，當成了新年壽司。在中卷裡是塞有鮪魚，細卷則是塞入了明太子。

你希望今年一整年如何快樂地渡過呢？一邊天馬行空胡思亂想並雀躍興奮的同時，也請一邊大口享用吧！

## 材料

醋飯……3合
（糯米：粳米＝5：5）

【中 卷】

飯醋飯……150g
海苔……全形的$\frac{2}{3}$片
鮪魚……70g

【細 卷】

醋飯……80g
海苔……全形的$\frac{1}{2}$片
明太子……40g

中卷使用2/3的全形海苔，細卷則使用1/2大小。

把鮪魚和明太子擺在醋飯上。

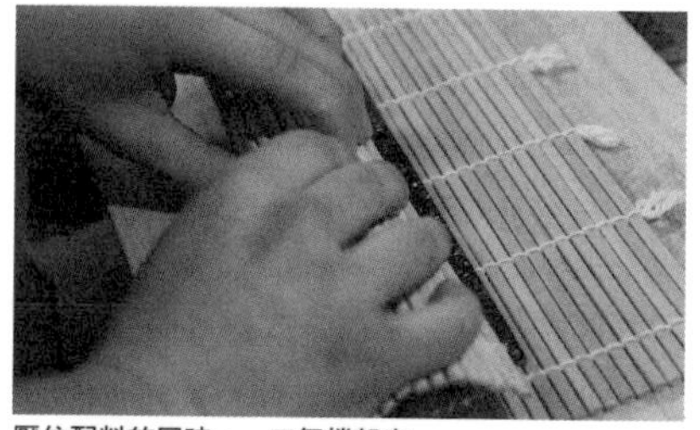

壓住配料的同時，一口氣捲起來。

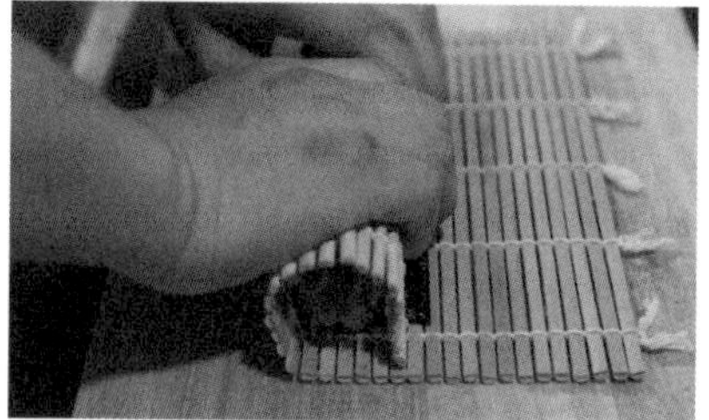

用大拇指、食指、中指將它牢牢捲緊。

① 將海苔放在壽司捲簾上，一邊設想好前端與末端的接合處一邊鋪上醋飯。

② 擺上配料，用壽司捲簾捲起來。

③ 用三根手指將它紮實地捲緊。

＝更詳細一點！＝

# 口感的不同，開創出醋飯的全新魅力

## 我覺得就是加入糯米的醋飯

可以大幅改變口感的糯米，將壽司的可能性擴展至無限。

關於醋飯，應該使用什麼品種的米，壽司醋該怎麼搭配，更進一步，使用的醋是出自哪裡的釀造場等等，有如此多需要關心的事。在我的店裡，也是每天不斷摸索的同時，尋求著美味醋飯的做法。

話雖如此，加入糯米的醋飯是與上述這些不同層次的發現。帶有粳米所沒有的黏彈口感，是許多人都不曾吃過的醋飯。口感的不同竟能為醋飯帶來如此的改變，說實在很讓人吃驚。糯米和粳米的混合比例也可以自行調整，請嘗試看看吧！

正因為其獨特的口感，可發揮的種類或許有限，但也不斷地膨脹著似乎能創造出嶄新壽司的期待。

私家壽司筆記

### 對佐渡的「理所當然」吃了一驚 鄉土壽司之旅滿是驚奇

日本各地的鄉土壽司中，還有很多很多沒看過也沒吃過的壽司。在佐渡遇見的「糯米壽司」也是其中之一（細節詳閱142頁）。若採訪佐渡的人們，向他們詢問為何會在醋飯裡加入糯米的話，每個人都會這麼回答，「在本地說到壽司的話，放入糯米是理所當然的事」。

雖然還沒有找到在佐渡是以怎樣脈絡而開始這麼製作的，但卻因當地人所說的「理所當然」而受到了相當大的衝擊。說到底這還是自己的問題，擅自認定了糯米只有用在年糕或糯米飯上。

拜訪鄉土壽司的旅途，每次都是滿滿的驚奇。並且，輕輕地顛覆了我們的固定觀念，帶來全新的認知。也因此，我才無法停下腳步。

# 食的歲時記

只要記下來
就能為平日增添節慶氣氛

在日本，關於食有著各式各樣的活動和紀念日。
若把這些加入現在的生活裡，
就能更加切身地感覺到季節的氣息，
每天都會是某種節慶。
而這些節慶，就是製作私家壽司的絕佳機會。

【2月】
3日　節分・惠方卷
4日前後　立春
6日　海苔日
14日　小魚乾日
　　情人節

【3月】
3日　桃之節句
8日　鯖魚日
14日　白色情人節
20日　鰹魚日
24日　黃鯛日
27日　水茄子日

【4月】
1日　愚人節
8日　貝之日
23日　蜆之日

春

## 夏

【5月】

5日　裙帶菜日

兒童節

6日前後　立夏

第2個星期天　母親節

29日　蒟蒻日

【6月】

6日　梅之日

醋飯屋股份有限公司創立日

第3個星期天　父親節

【7月】

1日　壹岐燒酒日

2日　章魚日

7日　竹筍日

七夕

10日　納豆日

下旬時　土用丑日【*譯註27】

## 秋

【8月】

1日　水之日

8日前後　立秋

9日　香菜日

11日　蘑菇日

15日　生魚片日

31日　蔬菜日

【9月】

15日　羊栖菜日

大阪壽司日

18日　蘿蔔嬰日

【10月】

1日　醬油日

日本酒日

4日　沙丁魚日

10日　鮪魚日

13日　豆之日

15日　菇類日

31日　萬聖節

## 冬

【11月】

1日　壽司日

7日　釧路柳葉魚日

8日前後　立冬

11日　鮭魚日

蘿蔔乾日

15日　七五三節

第3個星期四　薄酒萊葡萄酒解禁

23日　牡蠣日

30日　本味醂日【*譯註28】

【12月】

24日　平安夜

25日　聖誕節

31日　除夕

【1月】

1日　元旦

7日　七草【*譯註29】

10日　秋刀魚壽司日

11日　乾瓢日

鹽之日

譯註27：「土用」是以「五行」來計算日期，指的是立春、立夏、立秋、立冬前約十八天。立秋前的土用是一年中最熱的時期，其中以十二支來計算的「丑日」便是「土用丑日」，夏天會有一到兩次，分別稱之為「一之丑」及「二之丑」。

譯註28：本味醂即味醂，這是為了跟其他類似味醂但材料和製法不同的味醂調味料作區別。

譯註29：指在新年期間用七種蔬菜煮成粥或羹，為一家人帶來好彩頭的做法，盛行於中國東南方和日本。又稱七菜。日本的七草粥是用水芹、薺菜、鼠麴草、繁縷、稻槎菜、蕪菁以及蘿蔔製成。

私家製作
之四

## 魚類保存

# 若能引出隱藏在其中的味道的話，就會有賺到了的感覺

人們往往會著眼在魚的鮮度，但若是確實地做好預先處理的話，既可以長久保存，並且還可以品味相較於生的時候別有不同的滋味。

最標準的做法，是用醬油和味醂（各相同量）來醃漬。不僅可消除臭味，只要放進冰箱裡就能保存1個星期，也可以連醬汁一起放進保存袋裡冷凍。還有用味噌、味醂以及酒糟來醃漬的做法。但不管哪一種，都可以讓味道滲進魚肉裡，烤過之後，那股鮮味就會散發出來。

推薦的另一個做法是用海帶來醃漬。夾在乾燥的海帶中間，用保鮮膜包起來放進冰箱裡。生魚片半天，魚肉塊也只需1天，就能做成有海帶風味的海帶漬，用蒸煮的最是好吃。雖然生魚也很美味，但像這樣處理之後遇見不同的滋味，會非常有賺到了的感覺。

# 突如其來的私家壽司

番外篇

做法在
p110

—吃不完剩下的—

享受不一樣的美味

# 蒸壽司

做法在
p111

# 飯糰壽司

明明沒有約好，朋友卻突然來訪了。「唉呀，該怎麼辦？」，像這種突然的時刻，雖然也可以叫外送壽司，但就私家壽司的作風來說，還是希望自己親手製作。請放心吧！有種將冰箱裡現有食材混入醋飯製成的「飯糰壽司」。

這是從廣島縣的鄉土壽司「吾妻壽司」中獲得了靈感。運用胡蘿蔔、鹽海帶以及金時豆等等，雖然彼此都是味道相異，但在混入醋飯之後，不知為何就會變得十分美味。正可說是醋飯魔術。並且，也很少能吃到醋飯的飯糰，會帶給人驚奇並大感開心吧！

均衡地挑選甜、酸及鹹味。

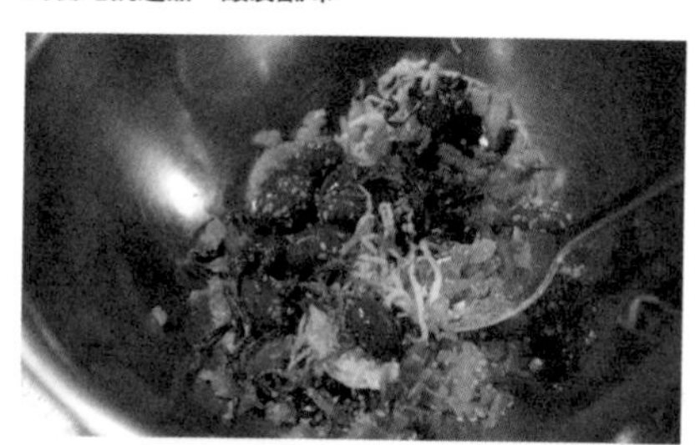

混入恰到好處的油脂會更好吃。

好好地攪拌配料及醋飯。

① 先將冰箱裡有的食材擺在桌上。將蔬菜類燙過，雞蛋則是做成薄煎蛋和炒蛋。

② 把配料切絲後放入碗裡，金時豆類則是直接混進去。

③ 然後加入醋飯攪拌，將它做成飯糰。

④ 直接就這樣也OK。但若用海苔或薄煎蛋把它捲起來的話，則又更有款待的感覺。

# 蒸壽司

有時也會有壽司做得太多，吃不完剩下來的時候。就這樣丟掉實在可惜。這種時候的王牌就是「蒸壽司」。

若是箱壽司、散壽司或是卷物的話，只要取出生魚即可。若是隔天要吃，那就直接保存起來，如果要放更久的話，就用保鮮膜包住冷凍起來就好。等到要吃的時候，用蒸籠或電子微波爐來加熱，會比剛做好時更有味道，可以品嚐到不一樣的滋味。順帶一提，散壽司等若讓它解凍的話，會變得濕濕水水的，所以請在結凍的狀態下加熱。

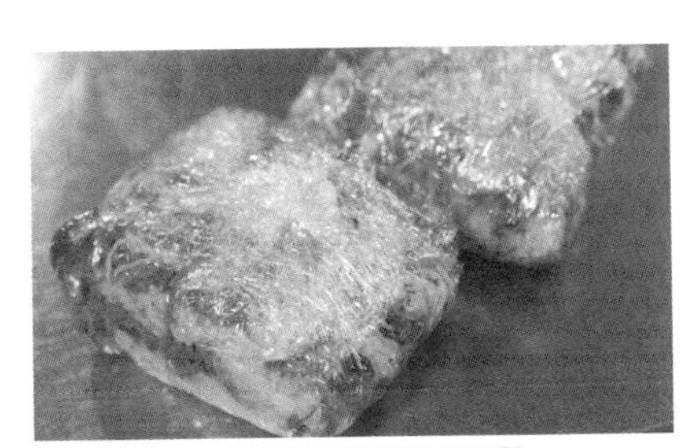

白肉魚和蝦子、螃蟹等即使加熱也不要緊。

解凍的話會變得濕濕的，所以要在結凍狀態下加熱。

1 紅肉魚、亮皮魚和鮭魚卵等拿去蒸的話會產生腥味，所以要先將它取出。生魚片類醃漬過後再吃。

2 散壽司等就用保鮮膜包起來冷藏或是冷凍。

3 包著保鮮膜直接用蒸籠或電子微波爐加熱。當整個變溫熱之後就可以吃了。

# 壽司可樂餅

—吃不完剩下的—
搖身一變成為洋食

要美味地享用剩下的壽司的另一個辦法，那就是「壽司可樂餅」。就如同文字所寫的，是將壽司做成了可樂餅。若是握壽司的話，只要連同上面的配料一起沾上麵衣後油炸，就可以去掉醋飯裡的醋，做成很好吃的米飯可樂餅。散壽司也一樣，只要固定成可樂餅大小之後油炸即可，卷物也沒問題。

在東京都・小笠原有道名叫「島壽司可樂餅」的菜，實際上它也是一種鄉土壽司，甚至還搖身一變成為了洋食。壽司的世界真是既深奧又廣闊。說起這份廣闊，那可真是無限大呀！

可樂餅的製作程序。先沾上麵粉。

接著泡進蛋汁裡。

再沾上麵包粉就完成了。

冷凍時，用保鮮膜包起來之後再放進冷凍庫。

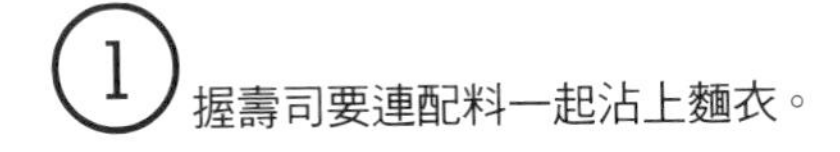

① 握壽司要連配料一起沾上麵衣。

② 用180℃的熱油油炸。而冷凍過的壽司可樂餅，就以結凍的狀態來炸。

私家製作
之五

## 山葵泥

# 特地付出的勞力會讓人感覺到時間的充實

若想讓私家壽司表現得更加不同凡響的話，就把新鮮山葵做成泥吧！山葵原有的天然辣味會讓壽司變得更出色，而更重要的是製作時的香氣和味道，會為五感帶來刺激。

比起長的生山葵，粗的應該比較不會有問題。生長到這麼粗就表示有著相應的生命力，而這也會表現在辣味上。若是帶葉的話，就挑選葉子水嫩的吧！

磨泥的時候，若是用金屬磨泥器的話會切斷山葵的纖維讓水分跑出來，這會使得香氣和辣味跑掉。不能切斷山葵的纖維，必須要用搗爛的，因此，最適合的是像照片中的鮫皮研磨器。

雖然還特地在山葵上下了工夫，但只要體驗過一次，就會開始享受這種勞動，並讓生活變得充實。

# 拜訪鄉土壽司

成為思考私家壽司創意時的刺激及泉源的「鄉土壽司」，從這裡開始，就來聊聊有關它的話題吧！

拜訪感興趣的鄉土壽司故鄉，並和那片土地上的人們打交道，進而感受到傳承了鄉土壽司的人們的想法。

# 生壽司

—香川縣・小豆島

# 丹後散壽司

─京都府・京丹後

# 是溫柔地包覆了土地記憶及人心的壽司

往北去可以看到流冰，往南走能夠遇見珊瑚。在同一個國家裡可以體會到如此寬闊自然的，大概只有日本吧！國土向著南北呈細長形，天氣則是各地各異，氣候和風土也都不同。多虧這種環境，可以收穫（捕獲）多種多樣的食材。而這些地方的共通點，則是到處都能產出米來。

各地自古以來製作並被食用的「鄉土壽司」，不管是作為保存食品，或是當成祭祀或喜慶等節日時的供品，都是這種日本多樣性下的產物。如何長久保存收穫（捕獲）於該土地的食材，又該如何美味地享用。生活在各片土地上的人們，運用著從生活環境中得到的智慧，一邊費盡心思一邊製作出來的，就是鄉土壽司了。

也因此，從製作方式、形態一直到使用的配料、吃法，真的非常多采多姿。甚至會讓人覺得，日本的豐富飲食文化就是發端於鄉土壽司。而且，還能從鄉土壽司中的卷壽司和箱壽司看見土地的歷史、傳統、文化，以及生活在當地人們的生活樣態。連鄉土的驕傲和自豪也都能表現出來。

既然有全國知名的鄉土壽司，另一方面，也有即便處在同地區中仍舊默默無聞，極為地區性的鄉土壽司。其中的大部分都無法在店裡買到或是吃到，可以說是只有在家家戶戶中才有製作的元祖「私家壽司」。在老奶奶製作時由孩子們幫忙，而孫子們看著這個畫面成長。之後，由孩子們承繼下來，接著又傳承給他們的孩子。這也是包含了每一代情感和心意的壽司。

沐浴在燦爛的陽光下，可以聞到濃濃的海潮味，還有稻穗沙沙作響的微弱聲響。飽吸這片土地空氣的就是鄉土壽司。擁有讓製作的人和食用的人都感到幸福的魅力。

# 酒壽司

—鹿兒島縣・鹿兒島

# 糯米壽司

—新潟縣・佐渡

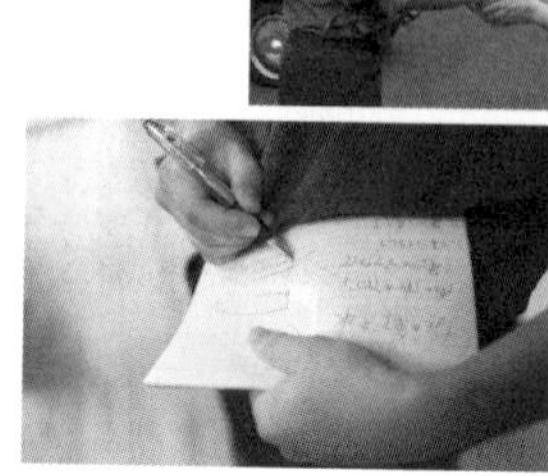

何謂鄉土壽司計畫？

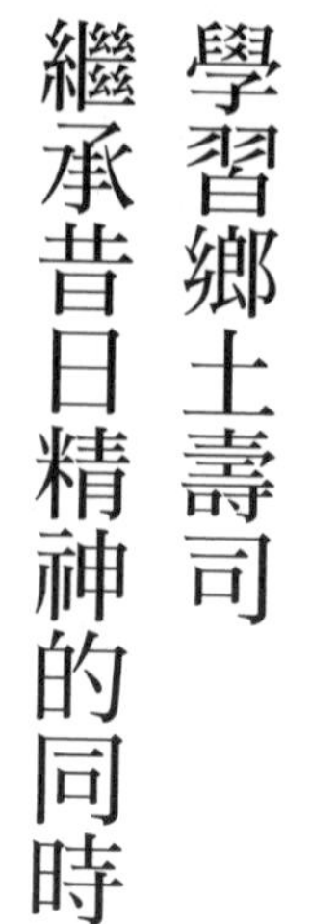

# 學習鄉土壽司 繼承昔日精神的同時 打開通往明日的門扉

自古以來流傳於日本各地的鄉土壽司，就某種意義來說，是種蓄積了許多關於壽司的淵博知識，類似百科全書一樣的東西。像是配料的搭配方式和擺盤的方式等，可以學到能活用於現代壽司的基礎。有時候會遇見傳授我新的想法或啟發的鄉土壽司，這對身為壽司師傅的我來說，也可以說是回歸了原點。

不過在全國內也有許多被徹底遺忘的鄉土壽司。雖然有些鄉土壽司有做成文獻，但大多都還是由親傳子的口耳相傳中傳承下來的。所以，也會有要是某個老奶奶過世了，該位老奶奶所承繼的鄉土壽司食譜也跟著失傳的情況。如果鄉土壽司消失，也就意味著同時失去了土地的記憶以及人們的心意。這是非常令人遺憾的事。

所以，於數年前展開了致力於拜訪且學習這些貴重的鄉土壽司，並確實地傳承給後世人們的「鄉土壽司計畫」。

鄉土壽司計畫並不只是要保護一個又一個的傳統。而是重視著流傳於鄉土壽司中的想法以及將它們傳承下來的人們的心意，同時，創造出屬於我們自己的，能讓許多人覺得美味的壽司，並聯繫起下一個世代。傳統藝能和工藝世界的人們總是這麼說著，「不是只有守護傳統，而要持續去創新」，我想在鄉土壽司上也是一樣的。

那麼，就來介紹幾個實際巡遊過的鄉土壽司之旅吧！

造訪鄉土壽司的故鄉的話，就會發現到處都留有該壽司誕生、成長起來的原因。而且，也知道了鄉土壽司既是土地的歷史，同時也是那些持續製作的人們其各自的歷史。

# 農村壽司

—高知縣・山間地區

# 丁香魚豆渣壽司

—高知縣．宿毛

# 拜訪 香川縣・小豆島 生壽司

在這座宛如食之寶庫，漂浮於瀨戶內海的小島上遇見了顛覆常識，前所未聞的壽司

## 生產橄欖的小島，自古以來即作為交通要地而繁榮

浮在瀨戶內海上的小豆島，在瀨戶內海中，是僅次於淡路島的第2大島嶼。從高松港搭乘渡輪大約1小時。也有往來神戶、岡山以及姬路的航線，正因為從過去就作為海運輸送的要點而繁榮，即便是島嶼交通卻相當便利。

就關東人的我來說，對瀨戶內海有種總是平穩的印象，但當颱風一來，海象就會變得十分惡劣，使得渡輪無法啟航而慘遭孤立。實際上，為了取材而前去拜訪的時候，颱風恰巧正在接近中，只剩來自高松的航路還有在運作。

由於是溫暖少雨的瀨戶內海式氣候，雨天很少而日照的時間較長。也因此，空氣相當乾燥。這種氣候很適合栽培橄欖，作為日本最初培植橄欖的地點而相當出名。

從周遭的大海可以捕獲到種類非常豐富的漁獲。看一看當地的魚店，果然不出所料，排列著各種鮮美的魚。最重要的是，對於喜歡魚的我來說，光是看到這樣的光景就讓人感到很幸福。

但在另一方面，因為島上的耕地面積少，穀物難以自給自足，要靠農業生活下去是非常困難的。因此活用了交通要地的優點，從其他地方引進材

料，再賣出島上製作好的產品來謀生，自古以來商業就很盛行。

**前往探尋連島上居民也不知道的超稀有鄉土壽司**

在這座小豆島上，據說有著名為「生壽司」的鄉土壽司。雖然我自認為知曉大部分的壽司，但這個名字還是第一次聽到。是種怎樣的壽司呢？但就算用網路搜尋也沒什麼資料。因此，當我一到島上就趕緊向周遭的人打聽，但得到的盡是「不知道」、「沒有聽過」一類的答案。

好不容易才終於搞清楚，它是種製作於島上西北部，名為土庄町小江的地方的鄉土壽司。該地區以前被稱為四海村，就如同它的名字一般，漁業相當地盛行。當地的漁夫是以拖網的方式來捕魚，由夏至冬，經常都能捕獲新鮮的星鰻。

只不過，這種網子會連尚未成長的15～20cm的星鰻也一起捕捉起來。由於這種大小無法拿到市場販賣，運用這種無法成為商品的星鰻，就是「生壽司」的真面目。也就是所謂的漁人料理。

而且，還是直接以生的，連骨頭一起做成壽司，就這點來說可真是前所未聞。這是因為在壽司的世界中，去掉魚骨是件理所當然的事，從沒聽過連骨頭一起吃的。究竟會是怎樣的壽司呢？讓人深感興趣。

教導我們生壽司做法的，是四海漁業協同組合女性部的代表，一田初美女士。將鄉土壽司介紹給當地的小學或中學作為營養午餐，或是招開烹飪教室，在當地進行著積極的食育活動，是位會在當地電視台中出場的有名女性。數年前逝世的丈夫以及她的兒子都是漁夫，是真正守護漁夫世家的女主人。

四海漁業協同組合女性部的代表，一田初美女士。
在小豆島上守護著生壽司，漁師世家的女主人。

# 拜訪

## 香川縣・小豆島

# 生壽司

「大約80年前開始，就一直都會在祭祀、法會或節慶時製作生壽司」，一田女士如此說道。

**如同其名，生就是基礎**
**連皮帶骨一起豪邁地攪拌下去**

家家戶戶的製作方式多少有點不同，一田女士是在幫忙祖母和媽媽製作時學會的。比較遺憾的是這天沒能捕到星鰻，因此拿海鰻來代替。其他也有使用鯧魚、窩斑鰶或鰤魚等做法，重點在於使用當天捕獲的新鮮漁獲。

看了一下製作方式，海鰻是三枚切之後連皮一起切細碎。海鰻皮真的很硬，讓人一不小心就說出「呃，這真的吃得下去嗎？」。但總之，還是試著一起開始製作。

以步驟來說，首先是將鹽加入切得細碎的海鰻中，並用手來搓揉。放置約10分鐘後，加入醋來浸泡，就這樣醃漬個30～40分鐘。也就是用醋醃漬來讓皮變軟的意思。

確實，海鰻的透明感漸漸地消失，魚肉慢慢變得緊繃有彈性。稍微抓起一小撮吃吃看，雖然還是硬硬的，但感覺越咀嚼越有味道。星鰻的骨頭也一樣會變軟，一田女士以一副非常開心的表情對著我說，「咀嚼的話，骨髓會從骨頭的部分跑出來，可以嚐到淡淡的甜味和鮮味」。

當海鰻變得白白的之後，用力將醋擠掉並和醋飯攪拌在一起。根據各家做法不同，也會有為了不要浪費醃漬用的醋而將它用在醋飯上的，但由於一田女士擔心會有腥臭味，所以另外調和了壽司醋來製作醋飯。這麼一來就完成了。雖然也可以加上雞蛋絲和青色蔬菜等來當作點綴，但這次只用了海鰻。由於是漁人料理，所以試著把它添進了碗裡。

平時都是使用星鰻，但這次則是拿生的海鰻來替代。用醋醃漬之後，魚肉會變得緊實而有彈性。

確實擠壓由透明轉變為白色的海鰻，接著就是和醋飯混合起來而已。簡單且迅速，這就是生壽司的基本。

## 簡單而樸實的做法
## 活用配料的壽司形式

白色的醋飯配上白色的海鰻。特意不加上色彩的做法讓它給人一種優雅的感覺。試吃一口，海鰻清脆帶有嚼勁，雖然它本身是酸的，但配上甜甜的醋飯成為了剛剛好的狀態。

「到了第2天會變得更穩定入味。除了夏天，大概可以放到1個禮拜唷」，一田女士如此說道。真的非常感謝您的指導！我確實地領受了。回到東京之後，我會以自己獨特的方式來重現，將歷史延續下去。

## 在瀨戶內海找到了
## 壽司的最前線

吃生魚骨、魚皮的想法，恐怕許多的壽司師傅都沒有嘗試過，不，不如說是沒有人想過要這麼做吧！雖然是只存在於地方上的鄉土壽司，卻讓人覺得非常新穎，說不定甚至可以說壽司的最尖端就在小豆島也不為過。

就技術上來說，完全沒有任何與眾不同的地方，就只是我們沒有注意到而已。不生吃魚骨、魚皮，這種畫地自限的既定思維阻礙了我們。

「注意到更多各式各樣的事，並且去挑戰吧！」。這是生壽司給予我們這些現代壽司師傅的訊息。

不過，在當地吃到的壽司醋味稍微有點太重了。或許也是因此，也難怪被小朋友敬而遠之。我想著在使用的鹽和醋上多下點工夫，或是去考慮醃漬的時間，藉此讓它變得更好入口，使它脫胎換骨成為今後的私家壽司。在這部份加上了岡田式的改編，下次務必要讓一田女士也嚐嚐看岡田版的生壽司，敬請期待！

背景所看見的是漁港。一田女士，真的非常感謝您。我會把生壽司傳承至後世的。

遵循古法，堅持以木桶釀造的醬油釀造廠

# 在超過100年的倉庫中細菌和人安詳地共生著

小豆島在江戶時代，有製鹽的師傅從赤穗移居而來，作為江戶幕府的天領因製鹽而繁榮，並且在不久之後，開始製作起醬油和佃煮【＊譯註30】這類鹽的二次加工品。讓人吃驚的是，在明治時的全盛期，這座不大的島嶼上大大小小約有400間醬油製造商。如今也還留有20間的醬油釀造廠。更厲害的，則是在以大水槽來製作為主流的如今，還有一如往昔地採用木桶天然釀造法來製作醬油的釀造場。在全國的醬油廠商中，使用木桶的甚至連全體的1％都不到。而其中的2／3居然都留在了小豆島上。

譯註30：主要以醬油和糖（有時會加入昆布、味醂）來作為調味料，用它來把食材燉煮得黏黏稠稠的一種烹飪做法。

## 在山六醬油的釀造場裡飄盪著溫和的醬油香味

其中之一就是山六醬油。往倉庫內一看，裡面是整排的木桶。這種精彩的光景我還是第一次見到。從外面一走進庫房裡，空氣中的氛圍瞬間改變，被醬油的香氣團團包圍，讓人有股幸福的感覺。

100年的木桶在外觀上相當破爛。但是，只有在這種陳舊的庫房和木桶裡，才存活著100種以上的酵母菌和乳酸菌。山六醬油的特徵是種濃厚而香醇的溫潤，鮮味非常突出，就是多虧有這些好菌，才能做出這種

山六醬油第5代的山本康夫先生。曾在製作、修繕桶子的店鋪中學習過，甚至連桶子都會製作。倉庫被指定為國家的登錄有形文化財。

正金醬油第4代社長，藤井泰人。「只是單純地製作著」，這種謙遜而溫和的性格也表現在醬油的味道上。

有個性的味道。

木桶的話通常要用2年半來讓它熟成。水槽只需3～6月就能完成，所以做法是大大地不同。這段期間則是放任菌種自然發展，山六醬油完全沒有在桶內加入任何添加物。製作者只是老老實實地在一旁守護著而已。或許生產效率並不好，但想要追求真正好的味道，就必須要有這樣的忍耐和承受。更何況在這裡，還是採用將做好的醬油再次倒回桶裡，並且再度加入麴來熟成，耗時共計4年半的「二次釀造製法」來製作醬油。

然而，懂得製作這種木桶的師傅現在正不斷地減少。如果桶子沒了就無法進行自己理想的醬油製法了，懷抱著危機感的山六醬油第5代山本康夫先生，居然從2013年起開始自己製作起木桶來。這種想法和行動力讓人不得不深感佩服。「如果不把真正好的醬油留下來，對日本的食物來說是件很嚴重的事」。擔心未來的山本先生所抱持的強烈志向，著實令人動容。

## 襯托出蘸醬油的食材味道
## 在味道上稍作節制的正金醬油

另外一個醬油釀造廠，正金醬油也是運用木桶在精心製作著醬油。有120桶5400L容量的木桶，擺放在這雖然古舊卻洗鍊的釀造廠中，真的是非常壯觀。與山六醬油不同，熟成中會三不五時緩緩地攪動桶子的內部。一般這在製作現場是不太會公開的，但這是對自己製作的東西有自信的證據，可以感受到製作者的從容。

讓我試了試味道，果然，正因為使用的是整顆大豆，光是倒進碟子裡大豆香就撲鼻而來。顏色和味道都非常漂亮。先前的山六醬油是鮮味突出的醬油，是讓人確實品味的類型，而與之相對的，正金醬油則是稍作節制，以襯托蘸醬油的食材味道。明明同樣是木桶釀造，但隨著製作的釀造廠以及釀造方式的不同，味道竟也會有如此的改變。真可說是充滿魅力的釀造世界。

# 拜訪丹後散壽司

京都府・京丹後

看得見海的米產地，在不為人知的京都裡
有著為當地人所愛的鄉土壽司

**可以瞭望大海，綿延的農田**
**鮮為人知的京都側臉**

說到京都的話，就是神社佛閣，以及被群山圍繞的印象，但從京都站搭JR的山陰本線往北走，經過2個小時電車的搖晃之後，日本海就會迎面而來。這裡與大家熟悉的京都市內截然不同，與形狀實在不可思議的海灣彼此糾纏，而面對著它的，則是一整片恬靜且樸素的田園地區。

如果說是作為日本三景之一而出名的那個「天橋立」所在地的話，應該就有人知道了吧！聽聞在這樣的丹後，有種當地人1年會吃到10次左右的鄉土壽司「丹後散壽司」而前去拜訪。充滿在地的愛的會是怎樣的壽司呢？我非常地期待。

在天橋立車站要換乘的，是名為京都丹後鐵道的地方鐵道。在當地被稱為「丹鐵」，是由2節車廂所組成，相當具有風情。以關東來說，大概就是在鐮倉行駛著的江之島電鐵。而這種電車也在丹後奔馳著。京丹後市是在2004年由6個町合併而成，算是比較新的市鎮，但在過去，則是因丹後縐綢【*譯註31】而繁榮，到了現在也依然留存有富商們的住家。

另外，前往當地之後我才首次得知，這裡也是米產地。不管怎麼說，如果是搭乘特快列車的話，放眼望去全都是廣袤的田地。由於是在收割前

來訪的，結實飽滿的稻穗實在美不勝收。身為和米打交道的壽司師傅，無法克制地興奮起來。

譯註31：京都府的丹後半島所生產的高級絹織物的總稱。

據說由於流通量有限，至今幾乎都是在近畿就被消費殆盡，是無名的米產地。而且，受惠於肥沃的土地以及從山上流下的冷澈溪水，還有早晚的溫差，此處正是生產美味稻米最適合的環境，當地所收穫的「丹後產越光米」，稍微帶一點黏性而有較強的甜味，過去曾12次獲得與新潟魚沼產的越光米同為最高排名的「特A級」，是種非常出色的稻米。

## 特徵是鯖魚肉鬆<br>絕妙甜鹹滋味的押壽司類

不僅在京丹後的餐廳中有著「丹後散壽司」的菜單，連超市中也都有在販賣。在大半為自家製的鄉土壽司中，是有點珍奇的存在。在此地，像是祭祀或結婚典禮這類的節慶，小朋友運動會的便當，以及葬禮之類會聚集起非常多人的場合上，它都是經典菜色。

向當地機關打聽後前去拜訪的，是製作散壽司有50多年經歷的山添美智惠女士。對運用該地區內可採集特產物或是身邊當季食材的食譜進行研究，還有舉辦烹飪教室等等。於4年前開始，也開始進行「以散壽司聯繫丹後協會」的活動。不管怎麼說，以宮島【*譯註32】（飯杓）為首，她所帶來各種道具全都帶有名字，都是為了便於使用而向師傅特別訂製的，可以看出她對散壽司的愛相當深刻。

散壽司和一般的押壽司不同，以使用鯖魚肉鬆為其特徵。根據山添女士所說，是因為「以前這一帶經常捕獲鯖魚」。本來是要將烤鯖魚慢慢燉煮約1個小時，但由於太費工夫和時間，現在當地的人主要是用罐頭來替代。實際上在京丹後的超市中，排列

「以散壽司聯繫丹後協會」的山添美智惠女士。目前擔任著鄉土料理的講師以及進行食譜研究。

# 拜訪 丹後散壽司

京都府・京丹後

著其他地方沒怎麼在賣的280克容量特大號鯖魚罐頭。由此可知是經常在製作散壽司的。

譯註32：飯杓是宮島的名產，也因此，飯杓也被稱為宮島。

因此，這次也使用了製作好的罐裝魚肉鬆。把鯖魚放到稍微有點深度且較厚的鍋蓋上，用杓子一邊將它壓碎一邊炒煮。當水分沒了之後加入砂糖，最後倒入醬油並將它打散。將整體做成稍微甜一點的感覺。而這個打散的工作，在家裡似乎是由小朋友來幫忙的樣子。

可以只取下側邊的「松蓋」。是為我們做出漂亮散壽司切面的木箱。

## 可以漂亮地切開的優秀道具「松蓋」

撒上的配料有乾瓢、高野豆腐、甘煮【*譯註33】香菇、四季豆、魚板和雞蛋絲。這部分並沒有嚴格的規定，只要依當時所有的蔬菜和整體的配色來選擇就好。

配料準備好後，就塞進稱為「松蓋」的淺木箱裡。醋飯和配料層層分明的切面也是散壽司的魅力所在，松蓋可以只將側邊取下，就是為了能漂亮切開所下的工夫。把醋飯塞得稍多一些，用手輕輕擠壓，撒上鯖魚、乾瓢之後，再度塞入醋飯。再上一層則不只是鯖魚和乾瓢，也將其他的配料撒上。

像這樣完成的散壽司色調實在非常漂亮，看起來也非常美味讓人食指大動。不吃的時候只要蓋上蓋子壽司就不會乾掉，而有預先從上方緊緊地壓過的話就會比較好切開。再來就是下刀了。切開之後，總覺得跟蛋糕也很像。山添女士曾經在兒童聚會上，將它放進製作戚風蛋糕之類的容器裡，當成「壽司蛋糕」過。「真的是大受歡迎呢」，山添女士以有如孩童般的純真笑容這麼說道。

實際嚐嚐看，光吃一口就有著各種味道。而鯖魚肉鬆的甜鹹滋味，以絕妙的感覺在嘴裡擴散開來，這裡的自家製紅薑凝聚了色調和味道，非常的

在京丹後販賣著其他地方所看不見的特大號鯖魚罐頭。利用稍厚的鍋蓋來炒煮，把水分給去除。

美味。說真的，押壽司系雖然大多只吃一盤就滿足了，但散壽司會讓人一口接一口，吃了還想再吃。

譯註33：用糖、味醂之類的調味料，將食品燉煮成以甜味為主的料理做法。

在隔天早上試吃了一下剩餘的部分，醋已經完全入味並且相當穩定，又變得更好吃了。實在很少像這樣從一早就一口又一口地吃著壽司，所以稍稍嚇了一跳。在取材鄉土壽司時所感覺到的，是有許多東西會在製作完的隔天變得更好吃。只要取出容易腐敗的雞蛋絲，或許可以吃到4天左右。「冷凍起來保存，再用蒸的加熱之後也會很好吃」，山添女士這麼對我說。

## 高完成度的鄉土壽司 自由改編也很有魅力

為當地所愛的散壽司，我明白了它受人喜愛的理由。第一點，總之就是很好吃。在鄉土壽司中也有相當多是再下一點工夫就會變好吃的壽司，但散壽司是有著充足美味的壽司，完成度之高，讓人覺得連多下工夫的餘地都沒有。

還有另一點，就是可以在家庭內輕鬆製作了吧！也不需要切魚，只要想好「今天晚上來做吧」，就可以馬上、簡單地來製作。由於小朋友也會吃得很開心，所以要是有什麼需要幫手的，也會很容易就來幫忙一起做。可以輕易地描繪出私家壽司的理想畫面。

雖然就壽司師傅的我來看，會覺得罐頭是邪門歪道，但這裡或許把它當成兩碼事比較好。關於鯖魚，因為也有會過敏的人，所以也可以用秋刀魚或鮭魚等其他的魚類罐頭來取代。

而且，可以自由選擇上面的配料這點也很棒。既可以使用當季的食材，運用家裡現有的配料來調理也沒關係。大概就只需要在撒的時候稍微考慮一下配色吧！可以自由改編的這點，也會讓人有「好，就來做吧！」的念頭。

一同前來幫忙的，京都府丹後廣域振興局的山口香里小姐（右起第2位）和田茂井加奈小姐，真的非常感謝妳們！

全權交付給醋酸菌的自然發酵，採用「古法・靜置發酵」的釀醋廠

# 重視著不靠手工就無法生產出來的日本傳統味道

在京丹後附近的宮津市內，有著讓我尊敬不已的醋品牌，「富士醋」的釀造廠飯尾釀造。前去造訪面對著日本海若狹灣的總公司時，在看見漆成黑色建築物的同時，醋的香味也跟著飄溢而來。

## 只使用無農藥的新米 Only one的製造者

在日本約有400家食用醋製造商，但自家公司擁有製造設備的卻在3分之1以下。而飯尾釀造是間甚至擁有自己的釀酒廠的稀有釀醋廠。就連作為原料的米也都有在生產。

醋的原料米是舊米和碎米，將它們當成米粕來運用是一般的情況。不過，飯尾釀造自1964年起，就只使用無農業栽培成的新米。從約15年前起，就擁有自己的梯田，並開始生產2噸的稻米。由於是梯田，所以一切都靠人工。也因此，每年位於全國的富士醋粉絲們都會前來幫忙。

根據JAS規格（日本農林規格【*譯註34】），用40克稻米來製作1公升醋的話，就可以標示為「米醋」。然而此地的「純米富士醋」，1公升就用了200克的米。而更高規格的「高級富士醋」，則是用到了320克的特殊規格。這就是為何在富士醋中，有著米的芳醇香味以及濃厚馥郁的鮮味。

譯註34：日本政府為農業所制定的行業標準。

第5代當家的飯尾彰浩先生。與創業於明治26（1893）年的歷史相應，莊重而文雅的日本住家。

與其說是把水槽包起來，倒不如說是在引入菌發酵所需的氧氣，並幫忙吸收掉水槽內的水滴。

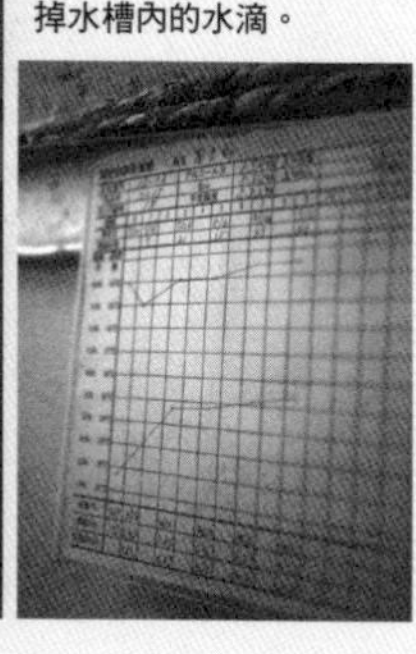

而且，聽到釀造時的工程，又更加深切地感受到它與其他醋的不同。每年的冬天就是要來準備釀造的時期。用自備的精米機將糙米削去20%。這對醋來說似乎就是理想的精米。將這些米清洗、蒸過之後，再到製麴室製成醋麴。杜氏和藏人【＊譯註35】在製作時，會直接用手來塗滿米麴菌。

「雖然機器的效率比較好，但還是特意繼續採用人工這種傳統的製作方式」，第5代當家飯尾彰浩這麼說明著。直到釀出「醋醪」這種作為醋原料濁酒的約100天期間，杜氏會乾脆在釀造廠內連日留守。和日本酒真的是一模一樣。

## 酒醋混雜<br>時間緩緩地流逝

接著壓榨做好的醋醪，此處加入軟水以及稱為種醋的前年製成的醋，以每槽3分之1的比例加進去讓它發酵。也就是說，計算起來每年製好的醋中，只有3分之2會出貨販賣。

大多數的廠牌，是以人工方式輸送水槽內的空氣來促進發酵，所以發酵從8小時到最多數天就可以結束。相對的，飯尾釀造則是採取默默等待讓醋酸菌自然發酵的「古法・靜置發酵」。雖然發酵要花上約100天的時間，但由於會產生許多胺基酸，而釀造出醇厚的味道。一進到釀醋廠裡，聞到酒香夾雜著醋香，就可以知道發酵正在緩緩地進行著。

醋釀造好之後會移動到別的水槽中，並再次讓它熟成250~360天，然後才終於可以出貨，實在是需要耐心的工作。「這種製造方式並不適合大量生產。但也有著不用傳統製法和人工就做不出來的味道。我們的工作就是將這種日本的味道和技藝，從100年前繼承下來，並繼續流傳下去」。第5代的視線，凝視著遙遠的未來。

譯註35：釀造從業人員稱為藏人，而其中的杜氏為釀造相關事務的最高負責人。

# 拜訪 酒壽司

鹿兒島縣・鹿兒島

用酒來取代醋的變種
教會了我鄉土壽司的深奧

## 以這雙眼及舌頭來確認用酒醃漬的壽司

教會了我全國其實有各式各樣鄉土壽司的，是鹿兒島的旅行。畢竟可是出現了不用醋的「酒壽司」，這種壽司我從來都沒有吃過。話雖如此，由於此地的土地風俗有著許多酒豪，更何況還是以芋燒酒為名產的薩摩，所以用酒來取代醋倒也不是不可能的事。

提到鹿兒島時，馬上就會讓人聯想到櫻島。雖然此地有著火山噴發的疑慮，但到訪時倒是表現出一副平穩的表情。登上市區內稍高的高地後，可以眺望它宏偉的姿態。對鹿兒島人來說，想必是個特別的存在吧！

酒壽司裡使用了名為「灰持酒」，一種加入灰汁製成的稀有烹飪用酒。強鹼性的灰汁成為天然防腐劑，就算不經加熱也能夠在常溫下保存。因此，來自麴及酵母的酵素，就這樣存活在酒裡，因而可以引出白飯和配料的鮮味。

被稱為日本最古老的釀酒方式，並以西日本為中心生產著，但因為戰時的統一管制，導致原料米的供應斷絕而停止，而在另一方面，由於加熱製酒成為了主流，使得它在一時之間衰落下來。在1955年使它復活的，是位於鹿兒島的東酒造。是間把「高砂之峰」這種灰持酒留到了現在的少

數釀酒廠。

## 使用大量配料
## 讓人感覺到春日氣息的壽司

這次的老師是東酒造的第3代社長，福元萬喜子女士。作為高砂之峰的釀造處，也肩負著將酒壽司好好保留下來的責任，因而創立了「自詡，酒壽司保存會」。

向當地的人打聽酒壽司時，有相當多的人會回答「聽過名字但是沒有實際吃過」、「不知道製作方式」。而在福元女士家中，於竹筍冒出頭的春天製作則是代代相傳的習慣。若要說是哪方面的壽司，似乎多半是在特殊的場合才吃得到。

進到在公司內為我們準備好的廚房，桌上擺著成排的配料。「因為酒壽司也很重視色調，會由這種觀點來挑選」，就如同福元女士所說，海鮮有鯛魚、烏賊和鹿兒島近海可以捕獲的刀額擬海蝦，以及水針魚一類的銀身魚。另一方面，山產則有竹筍、乾燥蘿蔔、乾燥香菇、大吳風草、鴨兒芹等豐富多彩的名單。如果需要備齊到這種程度的話，就沒辦法迅速且輕鬆愉快地製作了吧！

把各個配料都燙好之後進行調味，此時一定會用到的就是高砂之峰了。繼續準備其他配料。當地的炸魚餅、紅魚板，還有一種加入雞蛋被稱作Kogayaki【＊譯註36】的魚板風食品，以及薄煎蛋。將這些全都切成條狀，不過，就只有薄煎蛋不同。「如果切絲的話，就會有種小菜的感覺。但因為酒壽司是稍微特別一點的東西」，福元女士特地將它切成了菱形。

譯註36：こが焼き是種將新鮮雞蛋、豆腐以及磨碎的白肉魚混合在一起煎成的蛋捲。形狀和味道與厚燒蛋捲很類似。（由於找不到可以對應的漢字，因此採拼音）

事前準備結束之後，終於要開始裝料了。在壽司桶裡鋪上白飯讓它好好地冷卻。如果不冷卻的話，用酒醃漬時會加速發酵的進行。此時緩緩地淋上高砂之峰。轉眼間，白飯就變成了雜燴粥的狀態。飯粒漸漸膨脹起來，

東酒造社長，福元萬喜子女士。「由祖母、母親教會了我製作的方式」。

# 造訪

鹿兒島縣・鹿兒島

## 酒壽司

當開始因為酒而發酵之後，又會逐漸地變平。將它分為四等分，分別用盤子以1／4撈起來後，鋪到琉球漆器的桶子內。

由於酒壽司是押壽司類，必須用力地擠壓白飯。沾在手上的飯粒，則用剩下的高砂之峰洗掉。除了酒之外，徹底不加入任何一滴的水分。一開始先將山產配料均勻地撒上，接著又鋪滿白飯，這次則換撒上炸魚餅和魚板類。然後再次鋪上白飯，最後撒上鴨兒芹、海鮮、菱形的薄煎蛋，以及添加山椒葉。

一個個拌進飯裡的山珍海味全陣容。位在左上角的就是灰持酒「高砂之峰」。主宰了酒壽司的味道。

### 約6小時的確實醃漬 等待飯粒將酒吸收進去

但是這樣還不算完成。擺上一葉蘭並且不要碰到飯上的配料，再蓋上蓋子由上往下擠壓，這樣一來酒就會從底下滲透上來。在蓋子上擺上砧板，再擺上壓物石。要是一下子太重的話，往上滲的酒就會灑出來，所以，訣竅在於一邊斟酌隨白飯吸收而下降的酒，一邊慢慢地增加壓物石的重量。「不要把它丟在一邊，三不五地照料一下是很重要的」，福元女士如此說道。像這樣等了5～6個小時，小心翼翼地拿開石頭並打開蓋子，裝料時瀰漫的酒味減弱了，桶子裡已經變成了料理好的香味。

原本滿到邊緣的白飯已經被壓縮，空下了大概1cm的空間。看一看緊緊壓過的表面，可以透過配菜的烏賊看見下方的配料。雖然不是特別花俏，但實在是相當有質感的漂亮色調。雖然覺得打散它很可惜，但不吃就沒意思了。福元女士以熟練的手勢將它切了開來，像切蛋糕一樣，以三角形狀切下了一部份，可以看到有6層的切面。盡情地吸飽了呈紅褐色的高砂之峰，使得白飯也帶有微微的褐色。

做好了也沒辦法馬上吃。得像這樣蓋好蓋子，擺上石頭之類的壓重物，讓白飯慢慢地將酒吸收進去。

盛到盤子上後放進嘴裡，並沒有想像中的酒味，反而各種配料的味道有如探出頭一般地擴散開來。確實是至今從來沒有嚐過的味道。吃了第2盤之後，身體感覺變得舒暢了。這就是大人的壽司。

藉著沒有加熱過的灰持酒，壽司會隨時間的經過開始分解白飯和配料並逐漸發酵。實際上到了隔天早上，帶回飯店的酒壽司又變得更入味，鮮味毫無疑問地增加了。

在松岡修造所主持的電視節目『貪吃鬼！萬歲』中也曾出現過，這個酒壽司被選為松岡先生還想再吃一次的菜餚。真不愧是松岡先生，對好吃的東西知道得真清楚呢！

據說東酒造創業者的東喜內先生（福元女士的祖父）活到了102歲。「身體狀況不好或是有點虛弱的時候，一定會請人做酒壽司給我吃」。原來如此，就好像甜酒被稱為「喝的點滴」一樣，酒壽司正可謂之「吃的點滴」，創業者以親身經歷告訴了我們這一點。

## 稍稍顛覆了 壽司偏酸這種理所當然的想法

我還是頭一次吃到不酸的壽司。由於我認為，壽司就是要有醋或乳酸的酸味，所以對此相當驚訝。不過酒繼續放著就會變成醋，所以就這樣放置在常溫下的話，也自然而然會變成酸味的吧！

我把酒壽司帶回東京，實驗看看味道會有怎樣的改變。而它隨著日子經過變得更加入味，飯也逐漸散開並液態化。不過，卻又更有風味，可以得知味道不斷地在昇華。試著將它拿出來當成店裡的菜單之後，不管哪個客人都說「沒有吃過這種壽司」而大受感動。

可惜的是在當地人之間並不常吃。確實製作起來很費工夫，也沒辦法輕鬆地製作，要是從此之後能受到歡迎的話就好了呢！

2011年從東京證券公司回家繼承家業的福元女士之子，擔任常務的文雄先生也與我們一起合照。

# 拜訪 新潟縣・佐渡 糯米壽司

黏彈的口感，衝擊性的鄉土壽司
在終年都是味覺寶庫島嶼上的發現！

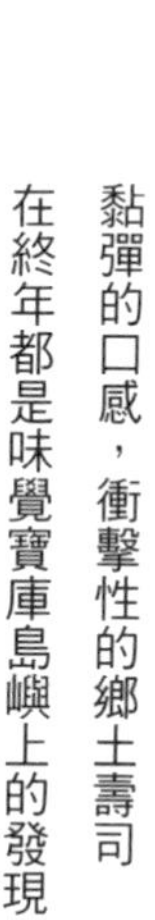

## 一整年的豐富食材 可以完全自給自足

在「鄉土壽司計畫」的旅程中，總是會遇見獨特的壽司，有著接連不斷的衝擊與感動。這次的佐渡，又有怎麼樣的感動在等待著我呢？

在這之前先簡單地介紹一下佐渡。面積約855km²，大概是東京23區的1.5倍，是日本第一大離島。雖然是位在新潟縣的島嶼，但自古以來，卻是流放京都政爭失利之人的遠流【＊譯註37】之地，而在江戶時代至明治初期這段期間，則是北前船的停泊港，有著這樣的一段歷史。受到以京都為首西日本文化的強烈影響。

確實，若要說當地人說話的腔調是哪邊的話，跟關西腔比較接近，島民性也比較開朗。若是看到老太太們在一起聊天的模樣，對話中確實常常出現裝傻與吐槽【＊譯註38】。就關東人的我來說，提到當地馬上會聯想到的大概也就是金山和朱鷺這種程度，但當我前往當地時，卻因其豐裕的自然以及終年不匱乏的豐富食材而大感吃驚。

就算沒有通往新潟的船，也是座完全可以自給自足的島嶼吧！在2011年，被認定為日本首個世界農業遺產。是個被認定具有應該繼承給下個世代重要農法和生物多樣性等的地區。

譯註37：流放之刑有輕重程度的差異，分為近流、中流、遠流。

若要說到底有多豐富，舉例來講，它也是在日本屈指可數的柿子產地。沒有籽的柿子「袈裟柿」一整年約可產出5000頓，主要向關東和北海道出貨。提到柿子，雖然小時候經常可以看見生長在附近人家庭院中的柿子，但看到如此大量柿子結實累累的光景還是頭一遭。

另一方面，包羅了由北到南的漁獲，甚至連深海類的都有，這些在隔天一早就會羅列在東京的市場上。在佐渡的魚市場裡，排列著令人吃驚的多種類魚貝類。對於喜歡看魚、切魚、吃魚的我來說，也是個不得了的場所。而這裡也是米的產地，生產出即便放眼全國也是最高水準的米。水也非常清澈，在島上有5座釀酒廠。

有眾多的生產者都採用自然栽培來培植稻米，農藥自不用說，就連化學肥料和有機肥料也一切不用，而其中之一的齋藤農園內，居然還親手培育著為了壽司而生產，名為「笑容的羈絆」的稻米。

似乎是容易和醋緊密結合的品種，稻穗的高度較矮，所以不容易倒下。並且很耐高溫，是相當倔強的稻米。生長在稻田中沐浴著陽光的模樣，在壽司師傅的我眼裡，更顯得閃閃發亮。

## 黑色羊栖菜搭配綠色的乾瓢 配料的各種顏色同台演出

在這樣的佐渡裡，有種用糯米製成醋飯，相當吸引人注意的鄉土壽司。向佐渡的人們打聽，似乎在當地「壽司加糯米是理所當然的事」。在正月或祭典等時節製作，中間放入配料捲起來的「卷壽司」是它的基本型。重視漂亮的配色。

這次的老師是擔任地區健康促進委員的和田藤江女士。和田女士首先開始製作的，是外側的伊達卷【＊譯註39】。將雞蛋打成蛋汁後，往裡面加入麵粉、砂糖、發粉、酒，並且加水攪拌

擔任老師的和田藤江女士。和前來一起幫忙的女兒向我們展現了親子漫才【＊譯註38】式的對話。

# 糯米壽司

後，用烤盤來煎烤。簡直就像煎鬆餅的手法。

蓬鬆地膨脹起來之後，就用從父親手上接過的遺物，手製的刮刀來翻面。「要是沒有這個的話，可就沒辦法順利翻面囉」，和田女士用著滿是趣味的笑臉如此說明著。

鋪在鬆餅風伊達卷上的，是由糯米和粳米各半混合而成的醋飯。用特製的刮刀來將它整平。

接著，把煎好的伊達卷放到壽司捲簾上，鋪上以粳米比糯米5：5的比例做成的醋飯。「若不把醋飯鋪得又薄又平就會很難捲唷」，就遵照和田女士所建議的，平平地鋪滿了醋飯。此時擺上配料。放入的是用櫻色肉鬆染成粉紅色的醋飯，並將它用海苔捲起來。

裡面是黑色的羊栖菜，面前則是添加以食用色素染成鮮豔綠色的乾瓢。把羊栖菜當成卷壽司的配料實在是非常少見。不過，羊栖菜本身的鹹味容易和醋飯的酸味搭配起來，所以會把味道鎖住。雖然對乾瓢的綠色有點嚇到，但這是考慮好切開時的色調才做的配色吧！

## 和醋超乎想像的合得來 知道了糯米所隱藏的力量

將這些用壽司捲簾捲起來。由於放入了很多配料，而羊栖菜也很容易擠出來，再加上伊達卷也是相當的厚，因此，若不慎重地捲起來的話似乎就會失敗。

不僅有許多配料，伊達卷也是相當地厚，所以，捲的時候若不慎重一點就會撐破。羊栖菜也是個難關。

終於捲好一個之後，和田女士迅速地將它夾在半紙【*譯註40】的中間，再用報紙捲起來。「用這種方式來散熱唷。因為保鮮膜沒辦法去除水氣，用報紙恰恰好」。一般像這樣放置2個小時之後，太卷會更加收緊而成為一體，因此，吃的時候就不會零零散散地碎掉。

終於到了要切的時候。要讓菜刀浸泡過加入砂糖的醋之後再來切。這

譯註38：日本的喜劇表演形式，大多由兩人組合演出，一個負責裝傻，一個負責吐槽，類似中國的對口相聲。

譯註39：就是日式魚板厚蛋捲，主要的材料是雞蛋和魚漿。伊達卷有二種說法，一種是因為古代陸奧仙台藩首位藩主，伊達政宗愛吃而如此命名，另一種說法，則是因為伊達有裝飾門面、追求虛榮的意思，所以將普通的玉子燒變身成看起來更高雅的蛋料理來提昇品位。

是由於糯米比白米還要有黏性，容易黏著在菜刀上的緣故。將它切得稍微厚一點，切面露出了羊栖菜的黑、櫻肉鬆的粉和乾瓢的綠，與伊達卷的黃色結合在一起，真是很惹人喜愛的色調。與其說是壽司，更給人一種瑞士卷的印象。

嚐了一口，接續在鬆餅的口感之後，糯米醋飯登場了。明明是黏糊糊且彈牙的咬勁，但的的確確是醋飯，是種讓人稍感訝異的口感。醋和糯米超乎想像地合拍而且美味。正因為是糯米，就算只吃一口，也是紮實而有份量。

而且，與它甜美外表一樣，是一種甜食。和田女士笑瞇瞇地這麼告訴我，「過去很難取得那種甜甜的糕點，所以就用這種壽司來代替了唷」。真的非常感謝您的指導。

## 由於沒有特定的名字 因此就擅自命名了

順帶一提，這種使用糯米的鄉土壽司，佐渡人就將它稱為「壽司」，並沒有特有的名字。所以，就由「鄉土壽司計畫」來取名了。為了馬上讓人理解到使用了糯米，就把它稱作「糯米壽司」。

不管是小朋友還是大人，都最喜歡年糕了。可是，最近只有大概在正月的時候才有機會吃到。雖然搗年糕、炊煮紅豆飯相當麻煩，但若是這種糯米壽司的話，就不必花太多工夫，可以輕鬆地享用。無論如何，我都希望能將它加進各位的私家壽司菜單裡。

因為是卷壽司類，配料可以採取各式各樣改編的這點也相當棒。如果可以的話，盡量不要使用食用色素，活用自然的色調來製作或許不錯。

總之，把糯米做成醋飯讓人相當吃驚。同時，也感到很懊惱，為什麼至今都沒有想過這麼做呢？遠遠超乎腦袋中所想像的「吃起來大概是這種感覺吧」，那種彈牙口感實在很棒。鄉土壽司又教會了我一件事。

和田女士的女兒名畑邦子女士（照片左端），以及她的友人土岐幸子女士（照片右端），真的非常感謝妳們！

譯註40：一種日本紙，以前是由大張的「杉原紙」裁成一半而被稱為半紙。現代多用於寫書法，作用類似宣紙。

# 拜訪 高知縣 鄉土壽司大國

造訪對鄉土壽司充滿愛意的國度
使用了蔬菜和豆渣來製作壽司

## 擁有許多「日本第一」培養出獨特飲食文化的高知縣

接下來的目的地是高知縣。雖然並不出名，但在高知有著為數眾多的鄉土壽司。在一個縣內有如此多種類並且數量繁多的實在很稀有。就日本地圖來看，是向著東西描繪出一個弧形的形狀，看起來有如在擁抱太平洋的黑潮一般。

縣境是稱為四國山地的連綿山巒，直到昭和10年（1935年）連接香川和高知的土讚線鐵道開通之前，與四國的其他縣市並沒有用鐵路連接。是座本州的經濟和文化甚少傳入的陸上孤島，因而培育出自己獨特的文化。

氣候上來說，冬天也比較溫暖高溫，雖然雨多但晴天也多。總之，日照的時間很長，所以有著容易培育植物的土地特性。因此，山產非常豐富。畢竟縣內的森林比率為84％，是「日本第一」森林多的縣。但是反過來說，也就表示平地很少，去到山裡到處都有著梯田。連險坡上也都有開墾，所以偶爾能看到堅固的石牆。

其他還有許多日本第一。舉例來說，香橙的生產量是日本第一。在壽司上經常使用這種香橙醋。還有茄子、薑、蘘荷、獅子唐辛子、韭菜、文旦等，不管哪項都是日本第一。除此之外，去到山裡的話還能採到野菜。

另一方面，黑潮在各個季節帶來了

各式各樣的洄游魚，向東西描繪出弧狀的海岸線，既有岩岸也有沙灘，可以捕獲多樣的魚類。其中尤以擁有足摺岬，四國最南端之地的土佐清水市，是數一數二的漁場。因一整年皆可捕獲擁有緊實魚肉的「土佐清水鯖魚」而為人所知。

　大概1整年都不會為吃而煩惱吧！高知的人各個都很開朗且健談。雖然當地的年長者總會說「這裡的人沒什麼耐性，三分鐘熱度」，但這種落落大方的縣民性，就是在種氣候風土下孕育出來的吧！

## 與運用色彩鮮豔蔬菜的「農村壽司」面對面

　首先一開始，為了學習在當地縣內山間地區經常製作的「農村壽司」而前往津野町。教導我們的笹岡三榮女士，在當地致力於傳承鄉土壽司和手工味噌等。

　其實在1986年曾經舉辦過募集全國鄉土料理的「全國鄉土飯糰百選」，此時笹岡女士她們團隊所出展的壽司作品，就命名為「農村壽司」。

　壽司本身是自古以來在山間地帶常吃的，使用了山產的野菜壽司。「這一帶不太能取得海產。因此說到壽司的話，使用山產是當然的事」，笹岡女士這麼說著。

　這種壽司，總之就是配色很好看。多層木盒中備齊了從綠色、紫色、棕色一直到咖啡色的各種顏色。仔細一看，大菜【*譯註41】加上香菇、蘘荷、竹筍，以及蒟蒻，全部都是蔬菜。只有一種從沒看過的，淺黃綠色的東西。問了一下才知道，原來是大野芋的一種，名字就叫「琉球【*譯註42】」。明明是大野芋卻不吃球根而只吃莖的部分，是種不可思議的蔬菜。用燉的或當成醋拌菜，幾乎每天都會出現在餐桌上，對高知的人來說是相當熟悉的食材。恐怕在縣外，是幾乎不曾出現在市面上的吧！

譯註41：高菜的別稱。
譯註42：因為是從沖繩縣（琉球）傳入，故稱「琉球」。

教我們「農村壽司」的笹岡三榮女士。在使用大量蔬菜的壽司中，隱藏著許多未來壽司的靈感。

# 造訪 高知縣

# 鄉土壽司的大國

農村壽司

生長在家的一旁或是田地裡，從7月到11月伸展莖稈，並長出大大的葉片。不管來幾次颱風都不會折斷，是相當強韌的蔬菜。只將它的莖摘下，剝掉皮之後用鹽醃漬起來。「冷凍之後1整年都可以吃。雖然沒什麼味道，但脆脆的口感不錯，是山區貴重的纖維質」。只不過，在剝皮的時候，和山芋【＊譯註43】一樣會讓人的手發癢。

在農村壽司裡是將撒上鹽讓它發軟的琉球擺到壽司捲簾上，然後再鋪上醋飯，用壽司捲簾捲緊，也就是所謂棒壽司類的製作方式。醋飯裡有著微微的香橙氣味，這是使用了高知名產的香橙醋，再混入切碎的薑和芝麻。在高知，不管哪裡的醋飯大多都是這種風格。

大菜和竹筍也分別燙過，或是用薄鹽水稍微去除鹽漬後的鹽分，並將它同樣做成棒壽司，切成約2公分的寬度。蒟蒻用鹹甜煮【＊譯註44】後切成三角形，中間劃個可以讓它變成袋子的切口後塞入醋飯。一部分膨脹起來的蒟蒻讓人覺得相當可愛。

看起來像紅肉魚的是蘘荷。用甘醋醃漬過所以染上了鮮明的粉紅色。這個則是擺到握壽司的飯糰上。在鹹甜煮的香菇上頭切個十字，並搭配這圓圓的形狀，把醋飯做成了手鞠。

雖然需要像這樣進行蔬菜的事前處理，但只要把這些完成了，之後只要一邊考慮配色一邊排列起來就好。笹岡女士使用了一葉蘭和南天竹一類的葉子，以精彩的構圖替我們裝盤。嚐了一口，不管哪種都有著蔬菜的清脆感，咬勁非常爽快。除此之外，帶有芝麻和薑味的醋飯，實在是很高雅的味道。即使配料不是魚肉也十分美味。

這就是「琉球」。要吃的只有莖的部分，對高知山區的人們來說，是貴重的纖維質蔬菜。

譯註43：此處的山芋指的是日本薯蕷，也被稱為自然薯。
譯註44：原文為甘辛煮，一種用砂糖和醬油調味，燉煮出鹹甜滋味的烹飪做法。

## 又酸又可愛的「丁香魚豆渣壽司」

接著前往宿毛市。這裡是經常捕獲丁香魚的地區，因此有著使用這些丁香魚和豆渣的鄉土壽司「丁香魚豆渣壽司」。因為丁香魚看起來就好像是包住雙頰的頭巾，所以也被戲稱為「丁香魚頭巾」。

實際拜訪當地，是個感覺不錯的漁港小鎮。擔任老師的河原多繪女士是當地丁香魚漁夫家中的女主人，也是負責販賣丁香魚相關商品的「土佐姫市【*譯註45】企業組合」代表。根據河原女士的說法，似乎是「愛媛縣宇和島上有著使用豆渣的鄉土料理，並且流傳到了這裡」的樣子。

「丁香魚豆渣壽司」的老師，河原多繪女士。用「阿大」來稱呼才剛認識沒多久的我，是位有大姐頭風範的女主人。

因為是豆渣所以很健康，而捲起來的丁香魚則是閃閃發亮。在外觀上也是輕巧而可愛。這種可愛的魅力獲得了好評，甚至被採用為JAL的頭等機內餐，是飛在天上的鄉土壽司。

立刻著手製作。把今早剛捕獲的鯖魚烤過，一邊去掉骨頭一邊切開。這些鯖魚會為豆渣增添鮮味。再來把沙拉油倒進炒鍋裡，並加入切末的薑來拌炒，用薑來炒出香味。

然後，放入切好的鯖魚和豆渣，接著加進豆漿。比起用水，用豆漿的味道會更濃郁。再來加入醋、砂糖、鹽、酒和淡味醬油，用小火來煎炒。當整個變得濕潤之後就完成了。「讓它在多睡一天，會更穩定更有鮮味」。

接下來是丁香魚，用剪刀把頭剪掉，並切進腹部剪開。這裡要用手指伸進去將它打開，去除內臟和脊梁骨。「比起用菜刀，像這樣直接用手指最快，還可以漂亮地取出來唷」，河原女士咯咯地笑著，實在是既豪爽又大方的土佐人。

處理好的丁香魚用醋來醃漬。在這段期間把先前炒好的豆渣，揉成像手鞠壽司一樣的團狀。當原本透明的丁香魚肉變成白色之後，就從醋裡拿出來圍繞在豆渣上。這麼一來就完成了。酸酸的豆渣和有彈性的丁香魚是絕妙的搭配，有種幾乎要改變過去豆渣壽司概念的美味。

丁香魚豆渣壽司

受到漁夫們所愛的「大吳風草壽司」鄉土壽司的起源是皿缽料理

譯註45：又稱日本緋鯉，高知的代表性魚類。

# 造訪 高知縣 鄉土壽司大國

最後的目的地是土佐清水市的窪津。是座面前有著一片廣大太平洋的漁夫小鎮。這裡的鄉土壽司「大吳風草壽司」，是種將大吳風草的葉子貼在飯糰上下來做成押壽司，並在裝入箱子之後，在上方擺上石頭或是磚塊來緊緊地壓實壓硬。裡面的醋飯撒有如配飯香鬆般的細細炒蛋和香芹，相當地單純。大吳風草葉並不拿來吃，而是將它剝開之後來享用。

這主要是考慮到要讓漁夫們即便在海面上搖搖晃晃的船中，也可以不撒落並方便食用，而用大吳風草的葉子取代了餐盤。此外，由於醋飯壓實了的緣故，就算只吃一小塊也會有飽足感。是種從漁夫們生活的智慧中產生的壽司。

高知縣立大學名譽教授的松崎淳子教授。是研究高知鄉土料理的鄉土飲食名家，說話時帶有輕快的土佐腔。

話說回來，為什麼高知會存在這麼多的鄉土壽司呢？高知縣立大學的名譽教授，松崎淳子教授這麼向我們說明，「從藩政時代【＊譯註46】起，就有著端出用大盤子裝盛讓大家輪流夾菜的，一種稱為『皿缽料理』的飲食文化，由此產生出了多種多樣的鄉土壽司」。

在平常簡樸生活著的同時，一到慶祝的場合就極致奢華的土佐人。尤其是對招待客人一事非常的徹底。皿缽料理是用像伊萬里燒、九谷燒或有田燒這種可裝3人分左右的大盤子，在上面擺放各式各樣的菜餚，而客人所夾該盤的菜若是剩下1／3左右的話就會撤回去重新裝滿，讓盤子內經常都是滿滿的。而總是在中央坐鎮著的，就是壽司了。

「大吳風草壽司」。原本是漁夫們便當式的料理，現在則可以在結婚典禮或祭祀一類的節慶中吃得到。

另外，由於處在高溫潮濕的氣候中，為了避免食慾不振，各地都積極地在製作壽司。「不管怎麼說，飯才是最棒的款待呢」。說著這番話的松崎教授居然也已經89歲了（在2015年10月的當下）。非常精力充沛，絕對看不出是這個歲數。問了一下，教授最喜歡的食物似乎就是壽司。果然健康和熱情的泉源，就是美味的壽司呢！

譯註46：為江戶時代的別稱，大多用於地區的鄉土史，指江戶時代時該處曾為某藩的領地。

日本飲食傳道組織「HANDRED」

# 將100年前的「日本味道」傳承下去的雄心壯志

拜訪鄉土壽司而巡迴各地時，會遇見一邊固執地堅持著傳統製法和手工，一邊創造出美妙食物的製作者。日本人一直以來都很熟悉且感到親切的纖細味道、芳醇香味、豐富風味，以及深奧的鮮味，若沒有這些生產者，這種「日本的味道」就要失傳了。

然而，不管是哪一種，不僅無法大量生產，就連它們的存在也鮮為人知，和鄉土壽司一樣幾乎就要消失的並不在少數。因此，由生產者們主動發起了，將我們的想法和訊息透過活動之類的方式，致力於向國內外廣泛地發送，這就是日本飲食傳道組織「HANDRED（一百）」。

將不斷遺失的（＝RED），日本手製（＝HAND）的味道，聯繫至下一個100年（＝HUNDRED）的想法，投射在名字上。

成員有「富士醋」飯尾釀造的飯尾彰浩先生，「真澄」宮坂釀造的宮坂勝彥先生，「福來純本味醂」白扇酒造的加藤祐基先生，「三星醬油」堀河屋野村的野村圭佑先生，「加賀棒茶」丸八製茶廠的丸谷誠慶先生，以及「鈴廣」鈴廣魚板的鈴木結美子小姐六人。每個都是創業超過100年老店的年輕繼承人。

左起為野村先生、加藤先生、鈴木小姐、飯尾先生、丸谷先生、宮坂先生。在東京都內舉辦了卷壽司的活動。

「銚子市釣的酒糟醃金目鯛」銚吉屋

# 日本屈指可數的優秀漁港，千葉縣・銚子
# 親手製作當地的鄉土壽司

不是只拜訪既存的鄉土壽司，也致力於由我們自己來製作出新的鄉土壽司。進行嘗試的地方，是日本漁獲產值數一數二的漁港，千葉縣・銚子。

近海有寒冷的親潮與溫暖的黑潮交會的銚子港，有多種多樣的魚類在此處卸貨。由於這些大多都直接送往東京的市場，也因此，幾乎沒什麼會讓人特地前去銚子吃或是購買的名產。

「想為銚子做出可以帶來人氣的產品」。某天，醋飯屋的常客，任職於都內出版社的林尚史先生，帶著大學同學的會計師藤本健二先生一同前來。藤本先生是銚子出身，想替漸漸變得冷清的當地打氣鼓勵。

## 直接以生的金目鯛用酒糟來醃漬 這是沒人嘗試過的挑戰

「那就由我們來做出名產吧」，憑藉著年輕男性的幹勁，我們開始了這項計畫。我們留意到的，是「銚子市釣到的金目鯛」。因為銚子是可以捕獲金目鯛的北限，就算與已經成功打造出品牌的伊豆產之類相比也更加地肥美。此外，由於採用被稱為立繩的一本釣捕魚法，可以細心地以手釣方式一次釣起一隻，而不會在魚體上造成損傷。也因此，價格近乎翻倍。

只不過，這種銚子的金目鯛雖然評價很高，卻只出名在漁業關係者之間，一般人並不怎麼清楚。漁獲產值也並不多，所以即便在當地的超市中也無法便宜地販賣。這讓我們覺得，「如此難得的銚子財產，就這樣放置不用實在太浪費了」。

生吃金目鯛雖然很好吃，但這種吃法是受限於時間和場所的。然而冷凍

裝入桐箱內的商品（半片魚肉〈可以切成21片生魚片〉）。在「銚吉屋」的官網販售中。

的話，不管怎樣品質都會降低。「由於原本就是高價的魚類，與其進行加工來提高價值，不如想辦法硬著頭皮上了」，而想出來的方法，就是用酒糟來醃漬。

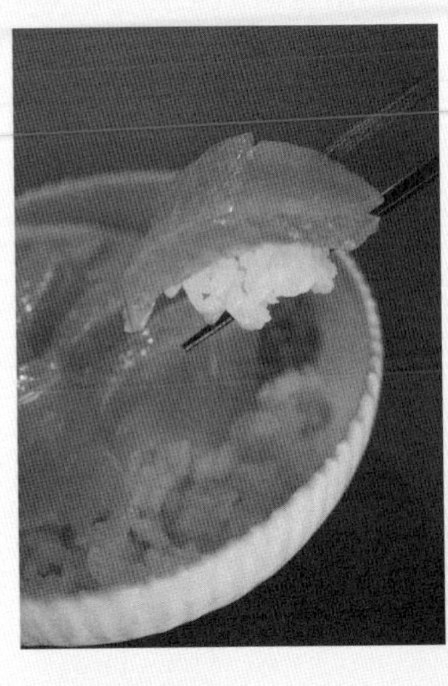

將冷凍好的商品，連同袋子一起浸泡至常溫的水裡約3分鐘來解凍。若是放冷藏的話，約3小時就可以食用。

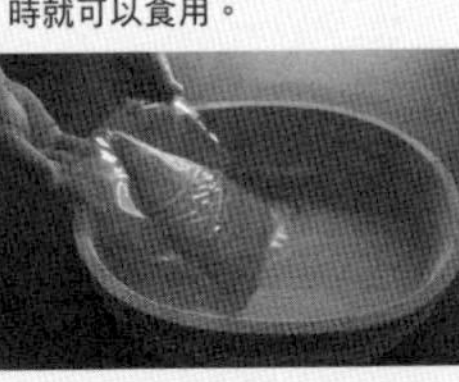

酒糟醃漬是用來保存魚肉，因此，生吃起來很美味的魚並不會特地做成酒糟漬。更何況，酒糟的味道很重，大多會使得魚肉本來的味道變得不明顯。我們一行人再加上醃漬魚肉老店「築地醃漬亭」的師傅影山亮先生，在工作結束後的深夜聚集起來，重複好幾次的實驗之後，終於確定了金目鯛的味道不會輸給酒糟。

而且，我們試著將酒糟醃漬過的魚肉，像平常那樣直接以生的狀態來品嚐，發現它除去水分而增添了鮮味。「這可不是發現了與生的金目鯛不同的味道了嗎」，我們不自覺地興奮了起來。

不過，究竟還是以製作出銚子名產為目的。我們所做的這些事情，就某種意義來說是很多餘的。若不能被當地認可的話就沒有意義。於是，我們請來全部40名的銚子金目鯛漁夫進行試吃，獲得了全員一致說出「好吃」的讚賞。也得到了當地的漁業協會的認可，允許我們貼出「銚子釣金目鯛」的官方標籤。

如此一來所完成的，就是「銚子市釣的酒糟醃金目鯛」。將金目鯛用酒糟醃漬後冷凍起來，在解凍之後直接生吃即為一道獨一無二的菜餚。金目鯛的鮮味、酒糟的甜味，再加上醋飯的酸味，就會奏響極其美妙的合聲。讓我感覺到，說不定可以做出銚子的鄉土壽司。

在每年秋季舉辦的「銚子金目鯛祭典」中開店。後列左起為林先生、藤本先生，以及藤本先生的同學，金目鯛漁夫之子山口求先生。前列右為影山先生。

## 私家壽司的食譜

材料

- 家人、朋友、熟人的笑臉
- 「今天想吃醋飯！」的心情
- 對壽司的一點知識，還有愛
- 對鄉土壽司的好奇心
- 感受日本季節的心
- 享受在家中自製工夫的那份心情

步驟

① 大家一起做。

② 大家一起吃。

## 醋飯屋的腳步
## 是壽司的過去、現在與未來

用我們自己的手，改造了位在東京．文京區的原豆腐店，並開始經營起「醋飯屋」是在2008年的時候。雖然是壽司店，但由於是直接拿大正時代時建造的古民宅來使用，彷彿就像在家裡一樣。仔細一想，醋飯屋所做出的壽司，也是站在「私家壽司」的立場。不過，由於建築物漸漸老舊化，不得不在2016年12月時拆除。雖然之後會裝修成新的樣貌，但我們依舊會繼續重視著私家壽司的心意。

醋飯屋

東京都文京區水道2－6－6（至2016年12月）

Tel. 03 － 3943 － 9004　http://www.sumeshiya.com

# 結尾

## 將蘊含在食材內的魂魄傳達至許多人的心中

壽司師傅擁有許多的「富裕」。首先，可以為重要的人製作壽司，可以讓那個人感到幸福。一整天大多的時間，都敏銳地運用著感官，而漸漸變得能用五感來捕捉各種事物。此外，每天都能遇到許多不同的人，多虧有這些人，自己也得以成長。每天都經手許多魚、肉、蔬菜一類的生命，蘊含於其中的魂魄，也將我自己的魂魄滋養得更為壯大。而且，還可以用料理和全世界的人進行交流，並讓他們感動。

今後也將作為壽司師傅，在傳達這種富足和美好的同時，探掘過去、現在和未來的壽司，並且持續前往拜訪、置身當地，去感覺、去吸收，在壽司上做出屬於自己獨特的表現。最後若能確實將蘊含在食材內的魂魄傳達到誰的心中的話，作為壽司師傅再沒有比這更開心的事了。

最後，對於給予這本書寫作契機的寫作者佐藤俊郎先生，還有曾在取材處一起睡在同一間房間的攝影師遠藤宏先生，以及讓這本書不論為男生臭，幫忙引導的ＰＨＰ研究所的渡邊智子小姐，拍攝出看似料理本身都彷彿要輸掉似的美味照片的攝影師三木麻奈小姐，把這本乍看之下很艱澀的書，設計成有著良好品味的phrase公司的各位。此外，還有毫不吝惜地將鄉土壽司的原點傳授給我們的各地的人們，在出版之際給予我各式各樣建議的眾人、朋友、醋飯屋關係人、家人。因為有這麼多人的協助，才能順利地完成初版，在此深深地表達我的感謝。

今天我也祈禱，希望壽司能成為各位幸福人生的一部份。

在稻穗微微搖動的農地中的

岡田大介

在本書製作上，真是承蒙關照了！

●参考資料

『すしの事典』（日比野光敏著、東京堂出版）

●料理道具協力

釜浅商店（東京都台東区松が谷2-24-1
☎03-3841-9355）

●郷土寿司取材

〈香川県・小豆島〉
一田初美さん（小豆島四海漁業協同組合女性部）
山本康夫さん（ヤマロク醤油）
藤井泰人さん（正金醤油）
塩田幸雄さん（小豆島町）
中川有里さん（小豆島町）
小西美帆さん（小豆島町）
小池美紀さん（株式会社ハウ）

〈京都府・京丹後〉
山添美智恵さん（ばらずしで丹後をつなぐ会）
山口香里さん（京都府丹後広域振興局）
田茂井加奈さん（京都府丹後広域振興局）
田中涼子さん（京丹後市役所）
越江雅夫さん（エチエ農産）
藤岡敬史さん（京都府）
野島優美さん（オズマピーアール）

〈京都府・宮津〉
飯尾彰浩さん（飯尾醸造）

〈鹿児島県・鹿児島〉
福元万喜子さん（東酒造）
福元文雄さん（東酒造）

〈新潟県・佐渡〉
和田藤江さん
名畑邦子さん
土岐幸子さん
民部猛さん（羽茂農業協同組合）
齋藤真一郎さん（齋藤農園）
前嶋美智恵さん（佐渡市役所）
末武一春さん（佐渡特選市場）
影山恭英さん（国産株式会社）

〈高知県〉
笹岡三栄さん
竹村一恵さん
河原多絵さん（土佐ひめいち企業組合）
瀧澤満さん（窪津漁業協同組合）
松﨑淳子さん（高知県立大学名誉教授）
三谷英子さん（ＲＫＣ調理師学校）
柏田太郎さん（高知県）

〈ＨＡＮＤＲＥＤ〉
飯尾彰浩さん（飯尾醸造）
宮坂勝彦さん（宮坂醸造）
加藤祐基さん（白扇酒造）
野村圭佑さん（堀河屋野村）
丸谷誠慶さん（丸八製茶場）
鈴木結美子さん（鈴廣かまぼこ）

〈銚子つりきんめ鯛の生粕漬〉
藤本健二さん（藤本公認会計事務所）
林尚史さん（枻出版）
影山亮さん（築地漬け亭）

★「郷土寿司プロジェクト」のリポートはウェブサイト『うまいもんプロデューサー』（https://umaimon-p.nifty.com/）で２０１５年10月～２０１６年3月まで掲載しました。
★酢飯屋ＨＰ（http://www.sumeshiya.com/project/）でも読むことができます。今後も随時、新しいリポートをアップしていきます。

非常感謝各位的協助！

TITLE

季節私家壽司巡禮

STAFF

| | |
|---|---|
| 出版 | 瑞昇文化事業股份有限公司 |
| 作者 | 岡田大介 |
| 譯者 | 張俊翰 |
| | |
| 總編輯 | 郭湘齡 |
| 責任編輯 | 莊薇熙 |
| 文字編輯 | 黃美玉　黃思婷 |
| 美術編輯 | 朱哲宏 |
| 排版 | 靜思個人工作室 |
| 製版 | 明宏彩色照相製版股份有限公司 |
| 印刷 | 皇甫彩藝印刷股份有限公司 |
| | |
| 法律顧問 | 經兆國際法律事務所　黃沛聲律師 |
| | |
| 戶名 | 瑞昇文化事業股份有限公司 |
| 劃撥帳號 | 19598343 |
| 地址 | 新北市中和區景平路464巷2弄1-4號 |
| 電話 | (02)2945-3191 |
| 傳真 | (02)2945-3190 |
| 網址 | www.rising-books.com.tw |
| Mail | resing@ms34.hinet.net |
| | |
| 初版日期 | 2017年4月 |
| 定價 | 350元 |

ORIGINAL JAPANESE EDITION STAFF

| | |
|---|---|
| デザイン | 横地綾子（フレーズ） |
| 撮影 | 三木麻奈 |
| | 遠藤宏 |

國家圖書館出版品預行編目資料

季節私家壽司巡禮 /
岡田大介作 ; 張俊翰譯.
-- 初版. -- 新北市 : 瑞昇文化, 2017.03
160　面 ; 14.8 X 21　公分
ISBN 978-986-401-162-9(平裝)

1.食譜 2.日本

427.131　　106003427